비에트가 들려주는
식의 계산 이야기

비에트가 들려주는 식의 계산 이야기

나소연 지음

(주)자음과모음

추천사

수학자라는 거인의 어깨 위에서 보다 멀리, 보다 넓게 바라보는 수학의 세계!

수학 교과서는 대개 '결과'로서의 수학을 연역적으로 제시하는 경향이 강하기 때문에 학생들은 수학이 끊임없이 진화해 왔다고 생각하기 어렵습니다. 그렇지만 수학의 역사는 하나의 문제가 등장하고 그에 대해 많은 수학자가 고심하고 이를 해결하는 가운데 새로운 아이디어가 출현해 온 역동적인 과정입니다.

〈NEW 수학자가 들려주는 수학 이야기〉는 수학 주제들의 발생 과정을 수학자들의 목소리를 통해 친근하게 이야기 형식으로 들려주기 때문에 학생들이 수학을 '과거 완료형'이 아닌 '현재 진행형'으로 인식하는 데 도움이 될 것입니다.

학생들이 수학을 어려워하는 요인 중의 하나는 '추상성'이 강한 수학적 사고의 특성과 '구체성'을 선호하는 학생의 사고 사이에 존재하는 간극이며, 이런 간극을 줄이기 위해서 수학의 추상성을 희석시키고 수학 개념과 원리의 설명에 구체성을 부여하는 것이 필요합니다.

〈NEW 수학자가 들려주는 수학 이야기〉는 수학 교과서의 내용을 생동감 있게 재구성함으로써 추상적인 수학을 구체성을 갖는 수학으로 변모시키고 있습니다. 또한 중간중간에 곁들여진 수학자들의 에피소드는 자칫 무료해지기 쉬운 수학 공부에 윤활유 역할을 해 줄 것입니다.

〈NEW 수학자가 들려주는 수학 이야기〉의 구성을 보면 우선 수학자의 업적을 개략적으로 소개하고, 6~9개의 강의를 통해 수학 내적 세계와 외적 세계, 교실 안과 밖을 넘나들며 수학 개념과 원리를 소개한 후 마지막으로 강의에서 다룬 내용을 정리합니다.

이런 책의 흐름을 따라 읽다 보면 각각의 도서가 다루고 있는 주제에 대한 전체적이고 통합적인 이해가 가능하도록 구성되어 있습니다. 〈NEW 수학자가 들려주는 수학 이야기〉는 학교 수학 교과 과정과 긴밀하게 맞물려 있으며, 전체 시리즈를 통해 학교 수학의 많은 내용들을 다룹니다. 따라서 〈NEW 수학자가 들려주는 수학 이야기〉를 학교 수학 공부와 병행하면서 읽는다면 교과서 내용의 소화 흡수를 도울 수 있는 효소 역할을 할 것입니다.

뉴턴이 'On the shoulders of giants'라는 표현을 썼던 것처럼, 수학자라는 거인의 어깨 위에서는 보다 멀리, 넓게 바라볼 수 있습니다. 학생들이 〈NEW 수학자가 들려주는 수학 이야기〉를 읽으면서 각 수학자의 어깨 위에서 보다 수월하게 수학의 세계를 내다보는 기회를 갖기를 바랍니다.

홍익대학교 수학교육과 교수 | 《수학 콘서트》 저자 박경미

책머리에

문자가 있는 식의 간결함과 유용성을 느낄 수 있는 '식의 계산' 이야기

이른 아침에 따스한 햇살에서 눈을 뜬 순간 시간을 알리는 시곗바늘이 보입니다. 작은 시곗바늘이 7을 가리키고 큰 시곗바늘이 12를 가리키면 '지금 시간이 7시구나.'라는 생각을 하게 됩니다. 숫자를 보고 시간을 알 수 있는 것처럼 우리 주의에는 의미를 가지고 있는 것이 많이 있습니다. 내 동생이 타고 다니는 것과 같은 노란색 차를 보며 '유치원을 다니는 어린 동생들이 타고 있겠구나.' 하는 생각을 하게 되고, 놀이공원을 돌아다니다가 화장실 그림을 보고 화장실을 찾아갈 수도 있습니다. 시계를 보는 방법이나 화장실 표시는 우리가 억지로 기억하려고 하지 않아도 어느 순간 내 머릿속에서 그 자리를 차지하게 됩니다.

수학에서 쓰는 여러 가지 기호나 식도 우리의 일상생활과 똑같이 그 의미를 기억하고 익숙해질 수 있는 것입니다. 처음에는 15 더하기 7을 나타내는 식 '15＋7'에서 더하기 기호 '＋'가 무엇인지 모르고 어떻게 계산하는 것인지 낑낑거렸습니다. 하지만 이제는 익숙해져서 '22입니다.'라고 자신 있게 답을 말할 수 있습니다. 문자를 사용하여 나타내는 식이 처음에는 낯설고 어색할 것입니다. 그러나 이 책을 읽다 보면 시계를 보는 방법을 알고 시계를 보고 시간을 알 수 있게 되듯이 식을 보면 무엇이 더해지고 곱해졌는지 그리고 똑같은 것을 몇 번 곱한 것인지 알 수 있게 됩니다.

시계를 보는 방법과 같이 수학에도 식을 나타내는 방법이 있습니다. 한 가지 방법은 우리가 선생님을 줄여서 간단하게 '샘'이라고 하는 것처럼 간단하게 나타내는 방법입니다. '어떤 수를 10번 곱한 것에 2를 곱한 것과 어떤 수를 5번 곱한 것에 3을 곱한 수를 더하자.'라는 말은 읽기에도 많은 시간이 걸리고 다른 사람에게 글로 써 주기에도 계산을 하는 방법을 이해하기에도 너무 오래 걸리기 때문에 숫자와 곱하기, 더하기 기호를 사용하여 간단하게 나타냅니다.

이 책은 이렇게 복잡하고 긴 말을 비에트의 수업을 통해 간단하게 나타내는 방법을 알려 주고 있으며, 간단하게 나타낸 식이 어떤 의미를 가지고 있는지, 어떻게 계산하는 것인지를 쉽게 알려 주고 있습니다. 어려워 보이지만 그 식에 숨어 있는 뜻을 하나하나 찾아가다 보면 '아, 이렇게 계산된 것이구나!'라는 말이 저절로 나오게 될 거예요. 《비에트가 들려주는 식의 계산 이야기》에서 문자를 사용하여 나타내면 식이 얼마나 식을 간단하게 나타내는지, 줄임말을 쓰는 것처럼 식을 간단하게 나타내는 것이 얼마나 편리하고 유용한 것인지 느끼고 익숙해지는 시간이 되길 바랍니다.

나소연

차례

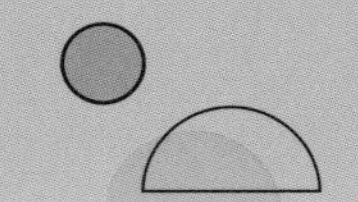

1 이 책은 달라요

일상생활에서 악보의 음표나 버스 노선을 나타내는 기호 등 의미를 가지고 있는 기호들을 볼 수 있습니다. **《비에트가 들려주는 식의 계산 이야기》**는 일상생활에서 볼 수 있는 기호의 편리성과 유용성을 수학 기호와 문자에서도 찾아볼 수 있음을 수학자 비에트가 선생님이 되어 설명합니다. 문자와 기호를 사용하여 나타낸 식을 보고 계산하는 방법을 이해하면 수학 공식의 의미와 계산하는 방법도 쉽게 알 수 있습니다. 또한 '간단하게 나타내기 위해 어떤 수학 기호를 어떻게 사용하는가.'를 배우는 수업이 거듭될수록 숫자와 문자, 덧셈·뺄셈의 기호 등이 섞여 있어 복잡해 보이는 식이라도 간단하게 나타낼 수 있습니다. 뻥튀기 기계, 실험실에서 박테리아 수의 증가, 요리의 농도와 관련하여 수학 기호를 사용하면서 재미를 느끼며 복잡한 식이나 공식도 쉽게 다가갈 수 있습니다.

2 이런 점이 좋아요

❶ 수학에서 문자와 기호는 어떻게 생겨났는지, 문자와 기호를 사용하면 어떤 것이 좋은지 알 수 있습니다.

❷ 왜 수학식이나 공식에 문자가 있는지, 그 식을 계산하는 방법이 무엇인지를 이해하면서 복잡하게 느껴졌던 수학 공식을 쉽게 이해하게 됩니다.

❸ 박테리아의 증가 수, 속도, 농구 점수 계산 등의 실제적인 현상을 문자를 사용한 식으로 나타낼 수 있습니다.

❹ 색종이의 넓이 구하는 것을 이용하여 문자를 사용한 덧셈과 뺄셈, 곱셈, 나눗셈을 간단하게 나타낼 수 있습니다.

3 교과 연계표

학년	단원(영역)	관련된 수업 주제 (관련된 교과 내용 또는 소단원명)
중 1	수와 연산, 변화와 관계	거듭제곱, 문자의 사용과 식, 일차식의 계산
중 2	변화와 관계	식의 계산
중 3	변화와 관계	다항식의 곱셈과 인수분해

4 수업 소개

1교시 문자를 사용하여 식을 나타내 볼까요?

의미와 뜻을 가지고 있는 악보의 음표, 버스 노선을 알려 주는 기호, 세탁 기호, 컴퓨터 자판의 기호처럼 수학에서도 기호와 문자를 사용하여 식을 간단하고 편리하게 나타낼 수 있습니다.

- **선행 학습** : □ 구하기, □를 사용하여 식 세우기
- **학습 방법** : 일상생활에서 볼 수 있는 기호들의 의미를 찾아보고 그 유용성을 이해하면서 수학에서 사용하는 기호나 문자가 식을 편하고 명료하게 나타내는 방법이라는 것을 알게 됩니다. 또한 영어 단어를 생각하며 모르는 것을 어떠한 문자를 사용하는지 익숙해지도록 합니다.

2교시 식에도 값이 있다고!

문자를 포함하는 모르는 공식이라도 계산하는 방법을 이해할 수 있습니다. 뻥튀기 기계에 옥수수를 넣어 옥수수 뻥튀기가 나오듯이 문자를 대입하여 식의 값이 나오는 것을 이해할 수 있습니다.

- **선행 학습** : 자릿값의 의미, 삼각형과 사각형의 넓이 구하는 공식
- **학습 방법** : 문자를 사용할 때 규칙을 알고 식에 생략된 연산을 생각하여 식의 계산 방법을 이해하고 식에 문자 대신에 숫자를 대입하여 식의 값을 구합니다.

3교시 일차식 간단하게 나타내기

정수 지수와 그에 대한 법칙을 알아봅니다.

- **선행 학습** : 정수의 덧셈과 뺄셈
- **학습 방법** : 식의 항, 다항식, 단항식, 상수항, 차수의 뜻을 압니다. 그리고 복잡한 다항식에서 동류항을 찾으면 복잡한 식을 간단하게 나타낼 수 있습니다.

4교시 지수법칙

- **선행 학습** : 소인수분해, 거듭제곱, 입체도형의 부피
- **학습 방법** : 똑같은 것을 여러 번 곱할 때 거듭제곱을 사용하면 간단하게 나타낼 수 있습니다. 색종이 조각을 구하는 것이나 늘어난 박

테리아의 수를 구할 때 그 수가 얼마만큼 증가하는지를 곱으로 나타내면서 이것을 거듭제곱으로 나타내도록 합니다.

5교시 다항식 간단하게 나타내기

- **선행 학습** : 직사각형의 넓이, 단항식, 다항식, 거듭제곱
- **학습 방법** : 두 색종이의 넓이를 구할 때 각각의 색종이의 넓이를 구해서 더하는 것과 색종이 두 개를 붙여 놓은 후 넓이를 구한 것은 같습니다. 이것을 분배법칙과 연결해 봅니다.

6교시 곱셈공식

- **선행 학습** : 거듭제곱, 동류항의 계산, 분배법칙, 양수와 음수, 수직선
- **학습 방법** : 정사각형의 좌석에서 가로와 세로의 좌석 수를 알면 전체 좌석의 수를 알 수 있습니다. 정사각형의 좌석의 가로와 세로에 좌석의 수가 변화되면 전체 좌석은 얼마나 변화되는지 생각하면서 곱셈공식에 익숙해지도록 합니다.

7교시 문자 사용의 역사

- **선행 학습** : 수학 기호 '＋, －', 거듭제곱, 문자를 사용한 식
- **학습 방법** : 수학의 발달과 기호, 문자를 사용하게 된 이야기를 들으며 문자와 기호의 사용이 수학과 생활에 어떤 영향을 주었는지 알아봅니다.

비에트를 소개합니다

François Viète(1540~1603)

나는《해석학 서설》에서 처음으로 모르는 양이나 변화하는 양을 모음과 자음으로 간단히 나타냈습니다. 이 방법을 이용하면 간단하고 편리하게 식을 나타낼 수 있답니다. 이후 나는 '대수학의 아버지'라고 불리게 되었습니다.

여러분, 나는 비에트입니다

안녕하세요? 나는 수학 교수도 아니고 수학으로 어떤 지위를 얻은 사람도 아니지만 언제나 수학에 흥미를 가지고 연구하기를 좋아하는 사람입니다. 수학에 한번 빠지면 며칠 동안 서재에서 나오지 않고 연구하는데 나는 이 시간이 너무나 즐겁습니다.

이제부터 내 소개를 해 볼까요?

나는 1540년 프랑스에서 태어난 비에트입니다. 라틴어 이름인 프란키스쿠스 비에타를 필명으로 많은 책을 출간해서 비에타라고 하기도 하지요. 나는 직업이 많아요. 법률가, 판사, 암호 해독가 그리고 가정 교사라는 직업을 가지고 있습니다. 나의 첫 직업은 아버지의 뒤를 이어 하게 된 변호사입니다. 나의 고객 중에는 스코틀랜드 여왕인 메리 스튜어트도 있고 프랑스의 왕 앙리 4세도 있습니다. 여러 가지 직업을 가지고 있으면서 《수학 요람1579》, 《해서학 서설1591》, 《보 기하학1593》, 《방정식의 수학적 해법1600》 등의 수학책도 편찬했습니다. 과학에도 관심이 있어 가정 교사로 일할 때에는 다양한 과학 이야기를 다룬 에세이를 편찬하기도 했지요.

내가 출판한 책 《해석학 서설》에서 모르는 양이나 변하는 양을 나타낼 때 A, E, I, O, U와 같은 모음을 사용하고, 이미 알고 있는 양이나 고정된 양을 표현할 때는 자음으로 나타내면서부터 나에게 별명이 생겼습니다. 바로 '대수학의 아버지'입니다.

내가 살고 있던 시대에는 '어떤 것'을 'casa'라는 단어를 사용해서 나타냈지만 나는 어떤 것을 A로 더 간단하게 나타냈어요. 그리고 어떤 것의 제곱을 Aq로 어떤 것의 세제곱은 Ac로 나타내면서 식이 더 간단해지고 더 편리하게 되었습니다. 모음과 자음을 사용하여 나타내는 방법이 식을 나타내는 데 아주 간단하고 편리하다는 것을 안 사람들도 내가 이용한 방법으로 식을 나타냈습니다. 이는 수학의 역사에서 중요한 사건이 되었고 그 사건의 주인공이 바로 나였기 때문에 '대수학의 아버지'라는 별명이 붙은 거예요. 그래서 나를 기준으로 그 전의 계산은 '수 계산'이라고 하고 이후의 계산은 '기호 계산'이라고 합니다.

나에 대한 일화를 하나 들려줄까요?

프랑스와 스페인이 전쟁 중일 때 스페인 왕이 절대 해석할 수 없는 암호를 만들었어요. 그 암호를 프랑스 군대가 가로채서 가져오자 나는 해석해서 프랑스가 전쟁에 유리한 전략을 세울 수 있게 해 주었습니다. 그래서 앙리 4세도 나의 수학적 능력을 높이 평가한답니다.

1593년 벨기에의 수학자 로마누스가 프랑스의 모든 수학자들에게 답이 45개가 있는 어려운 문제를 풀어 보라고 하자 앙리 4세는 나에게 도움을 청했습니다. 나는 문제를 읽는 동안 하나의 해답을 발견하였고 하루 동안 22개의 답을 더 구했습니다. 그리고 풀이법을 책으로 쓰면서 이 문제를 낸 로마누스에게 자와 컴퍼스를 가지고 어려운 문제를 풀어 보라는 도전장을

냈어요. 로마누스는 풀 수 없었고 내가 그의 앞에서 멋있게 푸는 방법을 설명했지요. 그 후 나와 로마누스는 퐁트네를 같이 여행하는 친구 사이가 되었답니다.

자, 이제 나와 함께 문자와 기호를 사용하여 나타내는 식의 세계로 떠나 볼까요? 숫자만 있던 수학의 세계에 영어 알파벳을 사용하고 복잡하고 길게 쓰인 식이 있다고 해서 겁먹지 않아도 됩니다. 식에 쓰인 문자와 기호가 어떤 의미인지 차근차근 알아 가면 식에 숨어 있는 의미를 발견할 수 있을 거예요.

자, 이제 떠납니다!

어떤 것의 제곱은 Aq 어떤 것의 세제곱은 Ac로 나타내면 아주 간단해.

아주 간단해졌어.

너무 편리해.

비에트는 '대수학의 아버지'다.

내가 바로
수학 계산의 기준이야.
이전의 계산
비에트 이후의 계산
수 계산
기호 계산

나의 유명한
일화입니다.
쾅
쾅~

음하하하! 프랑스군은
절대 해석할 수 없는
암호다.

프랑스군의 암호인데
너무 어려워서
해석할 수가 없습니다.
내가 풀지 못할
암호는 없지.

암호의 뜻은
바로 이것이요.
감사합니다.
비에트 님.

나는 벨기에의 수학자 로마누스가 낸
답이 45개나 되는 문제도 풀어냈습니다.
22개의 답을
더 구했소.

이제부터 숫자만이 아닌 문자와
기호를 사용하여 나타내는 식의
세계로 함께 떠나 볼까요?

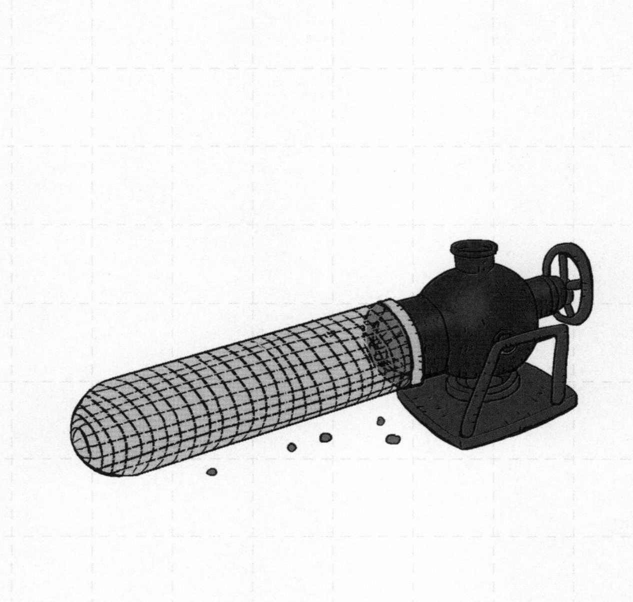

1교시

문자를 사용하여 식을 나타내 볼까요?

문자를 사용하여 식을 나타내어 볼까요?
모르는 수를 □, △ 등을 사용하는 것보다 편한 방법이 있을까요?
문자를 사용하여 식을 간단하게 나타내 봅시다.

수업 목표

1. 모르는 수를 문자를 사용하여 나타내 봅니다.
2. 문자를 사용하여 식을 나타낼 때 곱셈과 나눗셈은 어떻게 나타내는지 알아 봅니다.

미리 알면 좋아요

1. **다각형** 뾰족한 부분인 각을 가진 도형을 말합니다. 도형을 이루고 있는 선을 변이라고 하고, 이웃하는 두 선분이 만나는 부분을 꼭짓점이라고 합니다. 변의 개수에 따라 삼각형, 사각형, 오각형, 육각형이라고 합니다.

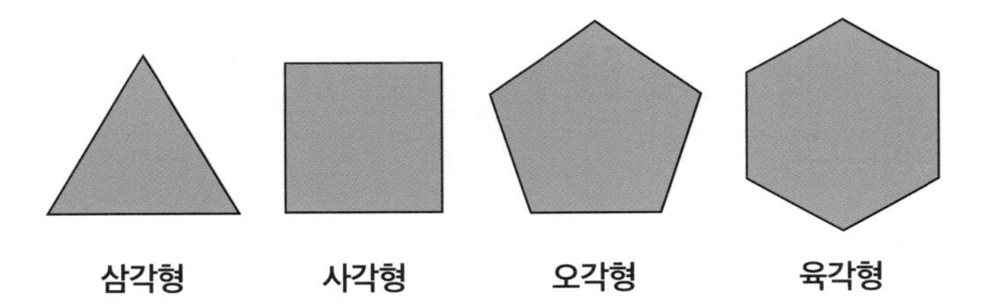

삼각형 사각형 오각형 육각형

2. **속력** 시간 간격에 따라 움직이는 양을 나타내는 것으로 물체의 빠르기를 말합니다. 속력을 나타내는 단위 m/s는 '미터퍼초'라고 읽는 것으로 m은 미터meter, *s*는 시간단위 초second를 나타내고 km/h는 '킬로미터퍼시'로 km은 킬로미터, h는 시간단위 시hour를 나타냅니다. 속력 60km/h인 자동차는 시간당 60km를 간다는 것으로 3시간 동안의 이동거리는 $60\times3=180$, 즉 180km입니다. 따라서 (이동거리)=(속력)×(시간)입니다.

비에트의 첫 번째 수업

오늘 수업에서는 수학에서 문자를 사용하여 식을 나타내는 방법에 대하여 배우겠습니다.

부모님과 차를 타고 여행을 간 적이 있을 거예요. 지도를 보이거나 지름길을 찾아 주는 장치인 내비게이션을 이용하면 목적지로 가는 길을 안내받을 수 있어요. 내비게이션을 이용해 길을 안내받으면 이런 화면이 나옵니다.

이 내비게이션을 보고 목적지에 가려면 어떻게 가야 할까요?

왼쪽에는 시작하는 위치에서 목적지까지의 지도를 나타내고 있고 는 현재 위치에서 어떤 방향으로 얼마나 가야 하는지를 알려 주고 있습니다.

현재 위치에서 430미터 이동하여 화살표 표시처럼 오른쪽 방향으로 가라는 것우회전을 알려 주고 있습니다. 이러한 표시를 모르면 내비게이션이 길을 알려 주어도 길을 찾아가기 힘들겠죠? 내비게이션의 표시와 같이 우리 주위에는 많은 표시가 있습니다.

비에트가 핸드폰을 들며 말했습니다.

핸드폰에 이런 문자가 와 있네요. 어떤 뜻으로 보낸 문자일까요?

아이들은 케이크와 congratulation라는 단어를 보고 잘 안다는 듯이 손을 번쩍 들어 올렸습니다.

"'축하'라는 'congratulation' 문자와 케이크 그림이 있으니까 생일을 축하한다는 것 같아요."

맞습니다. 핸드폰의 문자와 같이 우리 주변에는 의미를 가진 그림이나 문자 같은 것들이 있어요.

비에트가 이번에는 교통 표지판을 꺼내 들었습니다.

학교앞

길을 가다가 이 표지판들을 본 적이 있죠? 이것을 교통 표지판이라고 합니다.

학교앞 이라는 표지판은 여러분이 학교에 갈 때 많이 보았을 거예요. 학교 앞에는 학생이 많으니까 조심해서 천천히 운전하라는 거예요. 정지 STOP 는 잠시 차가 정지해야 한다는 표지판입니다. 는 화살표가 오른쪽으로 가는 그림이 있으니까 우회전하라는 것이고 는 우회전이 안 된다는 표시입니다. 교통 표지판의 의미를 알아야 학교앞 표지판를 보고 '학교 앞이니까 천천히 운전해야지.'라고 생각할 수 있겠죠?

교통 표지판과 같이 의미를 가지고 있는 기호가 많이 있어요. 우리가 입는 옷에는 그 옷을 어떻게 세탁해야 하는지 알려 주는 세탁 기호가 있습니다. 빨래를 할 때는 그 옷에 맞는 세탁 방법에 맞추어 세탁을 해야 옷이 상하지 않는답니다. 자, 그럼 세탁 기호를 볼까요?

세탁기 그림 안에 60℃라는 60° 표시가 있죠? 이것은 세탁기에서 빨래할 수 있다는 것인데 물의 온도가 60°여야 한다는 것입니다. 는 어떤 표시일까요? 옷을 비틀어서 짜는 사탕과 같은 그림 위에 '×' 표시가 있습니다. '×' 표시는 하지 말라는 의미이니까 이 표시는 옷을 짜서 말리면 안 된다는 것입니다.

이 표시를 모르고 옷을 짜서 말리면 옷이 망가지겠죠?

이 밖에도 우리가 생활하는 주변에는 어떤 것을 뜻하도록 약속한 기호가 많이 있습니다. 여러분이 생각나는 기호는 어떤 것이 있나요?

아이들은 조금도 망설이지 않고 큰 소리로 대답했습니다.

"컴퓨터에 써 있는 글자요."
"우리 집 가는 버스에는 B 라는 기호가 있어요."

맞습니다. 우리 주위에는 많은 기호가 있어요. 우리가 많이 쓰는 컴퓨터에도 Esc, Alt 와 같은 기호가 있고 버스가 가는 길을 알려 주는 B, G 와 같은 기호가 있습니다.

그 외에 일기예보를 보면 ●비, ✻눈, ◑구름의 양, 바람의 양과 속도, 구름의 양을 나타내는 기호 등의 기호가 있고, 음악의 악보를 보면 𝄞높은음자리표, ♩4분음표, *mf*메조포르테, 조금 세게 등의 기호가 있습니다.

이러한 기호나 문자가 어떤 뜻을 나타내는지 정해진 약속을 알지 못하면 그 뜻을 알 수 없기 때문에 일기예보, 악보 등에 담겨 있는 내용을 이해할 수가 없습니다. 수학에도 일기예보, 악보의 기호와 같이 뜻을 약속한 기호와 문자들이 있습니다.

'2 더하기 3'이라는 것을 계산하려고 합니다. 더하기라는 말을 사용하는 것보다 더 간단하게 나타내는 방법으로 만들어진 기호가 이것입니다.

비에트는 '＋'기호를 칠판에 썼습니다.

이 기호를 사용하여 '2 더하기 3'을 '2+3'이라고 나타내면 간단하죠? '더하기'라는 말보다 '+' 기호가 간단하게 나타낼 수 있기 때문에 모든 사람이 '더하기를 나타내는 기호'는 '+'라고 약속을 했답니다.

'2+3'이라고 되어 있으면 2와 3을 더하라는 것이니까 5라는 답을 얻을 수 있습니다. 여러분이 덧셈 기호 +, 뺄셈 기호 −, 곱셈 기호 ×, 나눗셈 기호 ÷, 등호 =와 같은 수학 기호를 사용하여 나타낼 수 있기 때문에 '2+3=5'라고 쓸 수 있습니다. '2 더하기 3은 5이다.'와 같은 문장을 수학 기호나 문자로 나타낸 '2+3=5'를 식이라고 합니다.

수학의 기호를 사용하여 나타낸 글인 '(12+8)÷4'라는 식을 살펴봅시다. 덧셈, 뺄셈, 곱셈, 나눗셈이 섞여 있는 계산에서는 다음과 같은 순서로 계산합니다.

① 괄호가 있는 것은 괄호 안의 계산을 먼저 한다.

② +, −, ×, ÷가 섞여 있는 계산은 곱셈과 나눗셈을 먼저 하고, 덧셈과 뺄셈을 한다.

그럼 '(12+8)÷4'라는 식은 우선 괄호 안의 '12+8'부터 계산을 하면 20이므로 '20÷4'이므로 5라는 답을 얻을 수 있습니다. 식 '(12+8)÷4'를 보고 계산하는 순서를 알 수 있고 그 식을 계산해서 나오는 결과도 알 수 있습니다.

수학에서 기호를 사용하면 문제를 간단하게 표현할 수 있으며, 식은 계산의 방법과 계산의 결과도 나타냅니다.

'한 변의 길이를 모를 때 정사각형의 둘레의 길이'를 식으로 어떻게 나타낼까요? 수학 기호를 이용하여 식을 나타낼 때 모르는 것은 □를 이용하기도 합니다. 그러면 정사각형의 둘레의 길이는 '□×4'입니다. '어떤 수보다 4 작은 수'라고 하면 □를 이용하여 '□−4'로 나타냅니다.

오각형⬠ 3개와 삼각형△ 2개가 있을 때 모든 변의 합을 구하려면 변이 다섯 개인 오각형이 3개 있으므로 5×3이고 변이 세 개인 삼각형이 2개 있으므로 3×2이므로 '5×3+3×2'가 됩니다. 그러면 오각형과 삼각형이 각각 몇 개 있는지 그 수량을 모르면 어떻게 나타낼까요? 모르는 수량을 □를 이용하여 나타내기도 하니까 오각형이 □개, 삼각형이 □개라고 하여 '5×□+3×□'라고 나타낼 수 있습니다. 하지만 □라는 기호 대신에 문자를 사용하여 수량을 나타내면 더 일반적인 식으로 나타낼 수 있습니다. 그래서 '5×□+3×□'는 영어 알파벳 문자를 사용하여 나타내면 오각형을 x개, 삼각형을 y개라고 하고 오각형과 삼각형의 변의 합은 '$5\times x+3\times y$'라고 나타낼 수 있습니다.

수식을 나타낼 때 모르는 수는 문자를 사용합니다.

보통 수식을 나타낼 때 x를 가장 많이 쓰지만 상황에 따라 다른 문자를 쓸 수 있습니다. 길이를 모를 때는 길이가 영어로 length이므로 첫 글자를 이용하여 l로 나타냅니다.

시간은 영어로 무엇이라고 하죠?
"time이요."

그래서 수학에서 시간을 모를 때는 time의 첫 글자 t로 나타냅니다. 수학에서 자주 쓰이는 문자를 모아 보았습니다. 표에서 보면 속도를 모를 때 보통 v를 이용한다고 되어 있지만 문제를 풀 때 어떤 문자를 써야 하나 고민이 된다면 보통 수식을 나타낼 때 x를 가장 많이 쓰니까 x로 나타낼 수도 있습니다. 하지만 많은 문제가 모르는 수를 문자로 나타낼 때 모르는 것이 시간인지, 속도인지 등에 따라 표에 있는 문자를 사용하니까 문제를 풀다 보면 나타내는 문자들에 익숙해질 수 있을 거예요.

길이	l length	거리	d distance
높이	h height	시간	t time
넓이	A, S area 또는 square	속도	v velocity
부피	V volume	비율	r rate
반지름	r radius	개수	n number
지름	d diameter	자연수	N natural number
온도	t temperature	정수	I, Z integer
점	P point	실수	R real number

"선생님! 그런데 오각형과 삼각형의 변의 개수를 구할 때 □를 썼을 때와 똑같은 것 같은데 왜 문자를 사용하나요?"

다른 아이들도 이 말이 맞다면서 웅성거리기 시작했습니다.

여러분은 아직 문자를 사용하여 식을 쓸 때의 규칙을 모르기 때문에 그렇게 생각하는 게 당연합니다. 하지만 규칙을 알면 왜 문자를 사용하면 식이 더 간단해지는지 알 수 있습니다.

문자를 사용하여 곱셈을 나타낼 때는 수와 문자, 문자와 문자의 곱에서는 곱셈 기호 '×'를 생략해서 쓸 수 있다는 규칙이 있어요. 그리고 문자와 수의 곱에서는 수를 문자 앞에 씁니다. 그러면 '$5\times x+3\times y$'를 규칙을 이용하여 나타내 봅시다.

$$5\times x+3\times y=5x+3y$$

모르는 숫자를 □라고 쓰는 '5× □+3× □' 보다 '$5x+3y$'가 더 간단하죠? 이렇게 식을 간단하게 나타내기 위해서 문자를 사용합니다.

아이들은 그제야 고개를 끄덕이며 이해하는 표정을 지었습니다.

규칙이 더 있어요. 모르는 수와 음수 -3의 곱을 나타낸 식인 $x\times(-3)$에서 곱셈 기호 '×'를 생략해서 쓰면 $x-3$이 되니까 모르는 수에서 3을 빼는 것과 같이 되어 버리죠? 그래서 문자와 수의 곱에서는 문자 앞에 수를 써서 $-3x$로 나타냅니다.

문자와 수의 곱에서는 수를 문자 앞에 씁니다.

그러면 어떤 수에 1을 곱한 $x \times 1$은 $1x$라고 써야겠지만 어떤 수에 1을 곱하면 어떤 수가 그대로 나오니까 1은 생략해서 쓴답니다. 하지만 1이 들어 있다고 무조건 생략해서 쓰면 안 돼요. 그 이유를 이 테이프가 설명해 줄 거예요.

0.1m 이것은 길이가 0.1m인 테이프입니다. 이 테이프를 어떤 수 x개만큼 붙인 길이는 $0.1 \times x$m이죠? 곱하기 기호를 생략하고 1을 생략해 봅시다.

× 곱하기 생략하고 쓰기 : $0.1x$

1 생략하고 쓰기 : $0.x$

이 테이프를 10개 붙였다고 하면 이 식에 x 대신에 10이 들어가야겠죠? 10개 붙인 테이프의 길이를 구하면 $0.x$m에 10을 쓴 0.10m, 즉 0.1m이 됩니다. 정말 0.1m가 될까요? 0.1m의 테이프 를 10개 붙여 봅시다.

0 1m

직접 붙여 보니까 0.1m 테이프 10개가 모여 1m가 됩니다. 즉, 1을 생략하여 쓴 $0.1x$m에서 계산한 0.1m와는 다릅니다. 1이 들어간 숫자 0.1, 0.01, 100과 같은 숫자에서 1을 생략하는 것이 아니라 숫자 '1'을 곱할 때만 생략할 수 있습니다.

이번에는 문자와 문자의 곱을 살펴봅시다. 지금 지나가는 노란색 차는 시속 40km로 일정하게 달려가고 있습니다. 이 속력으로 3시간을 움직이면 (거리)=(속력)×(시간)으로 구할 수 있으므로 3시간 동안 이동한 거리는 40km×3=120km입니다.

노란색 차 다음으로 지나가는 차는 오늘 저녁까지 일정한 속력으로 움직이면 얼마나 이동하는지 문자를 사용하여 나타낼 수 있습니다. 차의 속력과 시간을 모르니까 속력을 v, 시간

을 t라는 문자를 사용하여 나타내면 (거리)=(속력)×(시간)입니다.

즉, (거리)=$v \times t$입니다. 이 식에서 곱셈 기호 ×를 생략하여 vt라고 쓰면 됩니다.

차가 저녁까지 움직인 거리=vt

'차가 저녁까지 움직인 거리'라고 식을 쓰면 너무 길죠? 문자를 사용하면 식이 간단해지므로 문자를 사용합시다. 이동한 거리는 보통 $d$distance 또는 $s$street로 나타내므로 거리도 문자로 사용하여 $d=vt$라고 씁니다.

문자와 문자의 곱에서는 곱셈 기호를 생략해서 쓸 뿐 아니라 알파벳 순서대로 써 주는 규칙도 있습니다. 그러면 이동한 거리는 vt가 아니라 tv라고 씁니다.

$$d=tv$$

문자를 사용하여 곱셈을 나타내는 방법

① 수와 문자, 문자와 문자의 곱에서는 곱셈 기호 ×를 생략하고, 문자는 알파벳 순서대로 씁니다.

② 문자와 수의 곱에서는 수를 문자 앞에 씁니다.

③ 어떤 수에 1을 곱해도 그 곱은 그 수 자신이 됩니다.

이번에는 문자를 사용하여 나눗셈을 간단하게 나타내는 방법을 알아봅시다.

3m짜리 색 테이프를 네 사람이 똑같이 나누어 가지려고 할 때, 한 사람이 가지는 색 테이프의 길이는 얼마인지 구해 볼까요?

가	나	다	라
가	나	다	라
가	나	다	라

0 1m

가, 나, 다, 라 네 명은 각각 1m의 $\frac{1}{4}$씩 갖게 됩니다.

각 개인이 가지는 테이프의 길이는 $3\text{m} \div 4 = \frac{1}{4}\text{m} + \frac{1}{4}\text{m} + \frac{1}{4}\text{m}$이므로 $3\text{m} \times \frac{1}{4} = \frac{3}{4}\text{m}$입니다. 즉 $3\text{m} \div 4 = \frac{3}{4}\text{m}$에요.

이렇게 우리는 나눗셈을 곱셈을 이용하여 나타낼 수 있습니다. 그래서 문자가 들어 있는 나눗셈을 나타낼 때는 나눗셈 기호 ÷를 생략하고 분수로 나타낼 수 있습니다. 0이 아닌 수로 나눌 때 분수로 나타내면 더 간단하게 나타낼 수 있습니다.

$4p \div 2q$를 간단하게 나타내 봅시다.

$$4p \div 2q = \frac{4p}{2q} = \frac{\cancel{4}p}{\cancel{2}q} = \frac{2p}{q}$$

이렇게 나눗셈을 분수로 나타내면 약분할 수 있는 경우도 있어 식이 더 간단하게 됩니다.

문자를 사용하여 나눗셈을 나타내는 방법

나눗셈 기호 ÷는 생략하고 분수꼴로 쓴다.

문자를 이용하여 식을 세울 수 있나요?

아이들은 자신 있다는 듯이 "네."라고 대답했습니다.

그럼 문제를 하나 풀어 봅시다.

여러분에게 엄마가 심부름으로 1000원짜리 두부 x개와 100원짜리 사탕 y개를 사 오라고 하셨습니다. 집 앞 슈퍼마켓에 가면 정가에 살 수 있지만 10분 거리의 슈퍼마켓에 가면 정가의 10%를 할인하여 살 수 있습니다. 10분 거리의 슈퍼마켓에 가면 얼마의 이득이 있을까요?

정가에 물건을 샀을 경우의 가격을 생각해 봅시다. 1000원짜리 두부 x개이므로 $1000 \times x = 1000x$원이고 100원짜리 사탕 y개이므로 $100 \times y = 100y$원입니다. 따라서 정가에 사면 $1000x + 100y$원입니다. 할인되는 가격을 보면 두부는 $1000x$원의 10%인 $100x$원이 할인되고 사탕은 $100y$원의 10%인 $10y$원이 할인되므로 총 $100x + 10y$원이 할인됩니다.

첫 번째 수업에서는 모르는 수를 문자를 사용하여 나타내어 수식을 만들 수 있다는 것을 배웠습니다. 문자를 사용하여 식을 나타내면 곱셈이나 나눗셈의 기호를 생략하므로 간단하게 표현할 수 있는 장점이 있습니다. 또한 수식을 보면 계산하는 방법과 계산의 결과도 알 수 있습니다. 수식이 어떻게 계산의 결과를 알려 줄까요? 다음 시간에는 수식이 어떤 결과를 나타내 주는지 식의 값을 구하는 방법을 배워 보도록 합시다. 다음 시간에 봐요!

수업 정리

❶ 모르는 수를 문자로 나타낼 수 있습니다. 즉, 어떤 수에 2를 더했다고 하면 어떤 수를 x로 하여 $x+2$라고 나타냅니다.

❷ 문자를 사용하여 곱셈을 나타낼 때는 다음 방법을 이용합니다.

- 수와 문자, 문자와 문자의 곱에서는 곱셈 기호 ×를 생략하고, 문자는 알파벳 순서대로 씁니다. 예를 들어 $2\times b\times a$는 $2ab$로 나타냅니다.
- 문자와 수의 곱에서는 수를 문자 앞에 씁니다.
- 어떤 수에 1을 곱해도 그 곱은 그 수 자신이 됩니다.

❸ 문자를 사용하여 나눗셈을 나타낼 때는 나눗셈 기호 ÷는 생략하고 분수 꼴로 씁니다. 예를 들어 $x\div3$은 $\frac{x}{3}$로 나타냅니다.

2교시

식에도 값이 있다고!

식을 보고 계산하는 방법이 무엇인지 알아봅시다.
문자를 사용하여 나타내어진 식의 값을 구해 봅시다.

수업 목표

1. 식에 생략된 곱셈이나 나눗셈 기호를 생각하여 식을 계산하는 방법을 알아 봅니다.
2. 주어진 식의 문자에 어떤 값을 주어 식의 값을 구해 봅니다.

미리 알면 좋아요

1. 삼각형의 넓이를 구하는 공식은 (밑변)×(높이)÷2입니다.

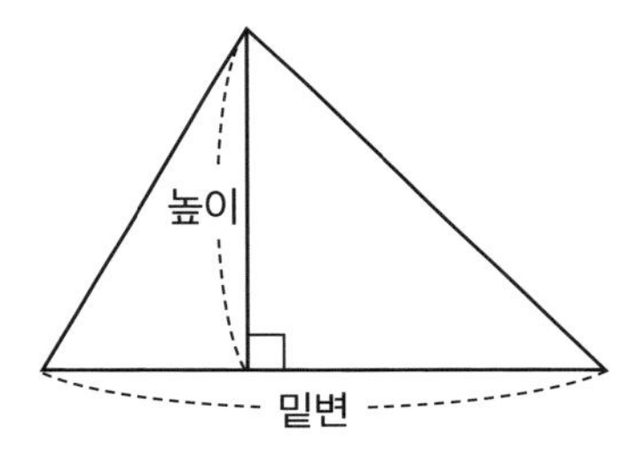

2. **대각선** 다각형의 이웃하지 않는 두 꼭짓점을 잇는 선분을 말합니다.

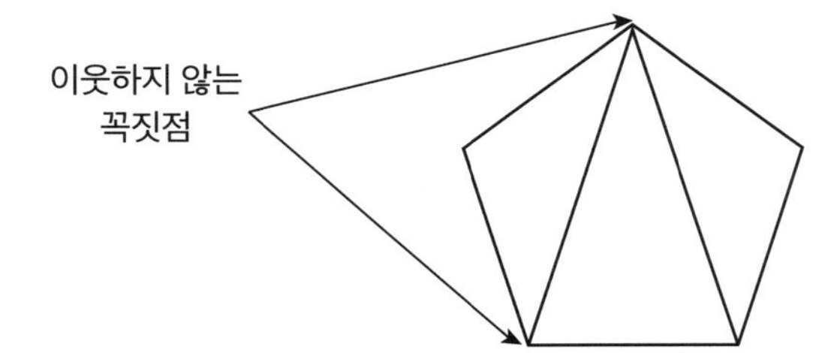

3. **퍼센트**% 백분비라고도 합니다. 전체의 수량을 100으로 하여, 생각하는 수량이 그중 몇이 되는가를 가리키는 것으로 '%' 기호를 사용합니다. 이 기호는 이탈리아어 cento의 약자인 %에서 유래된 것으로 $\frac{1}{100}=0.01$이 1%에 해당합니다. 예를 들어 경상남도 농민이 키우는 작물을 조사한 결과를 나타낸 원형 그래프를 보면 전체 수량을 100이라고 했을 때 쌀과 같은 식량 작물을 재배하는 농민은 전체 농민의 54.4이고 채소를 재배하는 농민은 전체 농민의 13, 사과와 같은 과수를 재배하는 농민은 전체 농민의 18.2입니다. 그리고 식량 작물, 채소, 과수, 특용 작물, 기타의 작물을 모두 더하면 전체 수량은 100이 됩니다.

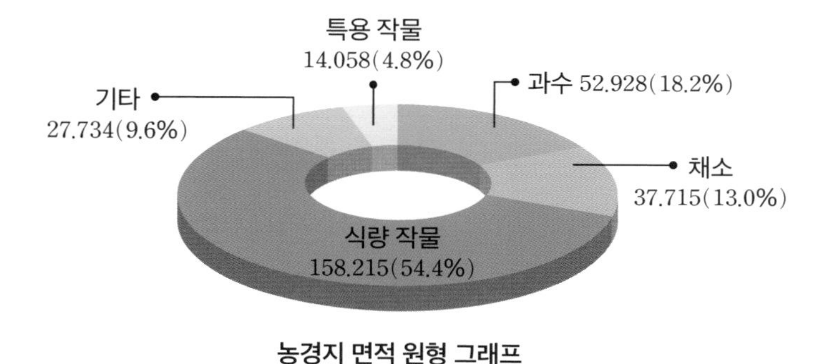

농경지 면적 원형 그래프

비에트의 두 번째 수업

지난 수업 시간에 식을 보면 계산하는 방법이 무엇인지 알 수 있다고 했죠? 이번 수업에서는 식을 보며 식이 의미하는 것과 계산하는 방법을 알아볼 것입니다. 또한 수학에서 문자를 사용하여 나타낸 식의 값을 구해 보겠습니다.

식을 보며 계산하는 방법 알기

여러분이 보고 있는 다음 식은 어떤 것을 알려 줄까요?

$$1000a+100b+10c+d$$

숫자와 문자 사이에 곱하기 기호가 생략되어 있으므로 곱하기 기호를 생각하여 계산하는 방법을 알아봅시다.

$$1000a+100b+10c+d$$
$$=1000\times a+100\times b+10\times c+1\times d$$

$1000a$는 1000이 a개 있다.

$100b$는 100이 b개 있다.

$10c$는 10이 c개 있다.

d는 1이 d개 있다.

d는 문자 앞에 곱하여진 1이 생략된 것으로 $d=1\times d$입니다.

지난 시간에 물건을 살 때 1000원짜리 두부 x개는 $1000x$라고 했죠? 식 $1000a+100b+10c+d$가 어떤 의미를 나타내는지 물건 살 때를 생각해서 살펴보면 1000원짜리 물건이 a개 있고, 100원짜리 물건이 b개, 10원짜리 물건이 c개, 1원짜리 물건이 d개 있다는 것입니다.

식 $1000a+100b+10c+d$를 우리가 쓰는 수와 연관하여 생각할 수도 있습니다.

비에트가 칠판에 '2345' 숫자를 하나 썼습니다.

이 식이 숫자와 어떤 관계가 있을까요? 2345는 '이천 삼백 사십 오'라고 읽습니다. 2는 천의 자리의 숫자이고 3은 백의 자리의 숫자, 4는 십의 자리의 숫자, 5는 일의 자리의 숫자입니다. 즉, 2345는 네 자리의 수입니다.

- 2가 천의 자리의 숫자 : 천이 두 개 있다 ➡ 1000×2
- 3이 백의 자리의 숫자 : 백이 세 개 있다 ➡ 100×3
- 4가 십의 자리의 숫자 : 십이 네 개 있다 ➡ 10×4
- 5가 일의 자리의 숫자 : 일이 다섯 개 있다 ➡ 1×5

이제 식 $1000a+100b+10c+d$를 수와 연관하여 살펴볼 수 있습니다.

식 : $1000a+100b+10c+d$

천이 a개 : a가 천의 자리의 수

백이 b개 : b가 백의 자리의 수

십이 c개 : c가 십의 자리의 수

일이 d개 : d가 일의 자리의 수

그럼 백의 자리, 십의 자리, 일의 자리의 숫자가 각각 x, y, z인 세 자리의 자연수와 십의 자리, 일의 자리의 숫자가 각각 a, b인 두 자리의 자연수의 합을 식으로 나타내는 것도 할 수 있습니다.

	백의 자리	십의 자리	일의 자리	식
세 자리의 자연수	x개	y개	z개	$100x+10y+z$
두 자리의 자연수	없음	a개	b개	$10a+b$
위의 두 자연수의 합	x개	$a+y$개	$b+z$개	★

두 자연수의 합 ★ 구하기

백의 자리 : x개 있으므로 $100x$입니다.

십의 자리 : $a+y$개 있으므로 10 곱하기 $a+y$를 식으로 나타

내면 $10\times(a+y)$

즉, $10(a+y)$입니다.

일의 자리 : $b+z$개 있으므로 1 곱하기 $b+z$를 식으로 나타내면

$1\times(b+z)$

즉, $b+z$입니다.

⇒ 두 자연수의 합 : $100x+10(a+y)+b+z$

이제 식을 보고 계산하는 방법과 식의 의미에 대해 알겠죠?

학생들은 조금 이해가 간다는 듯이 고개를 끄덕거렸습니다.

숫자와 문자, 기호로 계산하는 방법을 나타낸 식, 즉 공식은 수학책이나 과학책 등에 자주 나타납니다. 여러분이 알고 있는 공식을 다시 한번 천천히 되새겨 봅시다.

이 도형은 삼각형입니다.

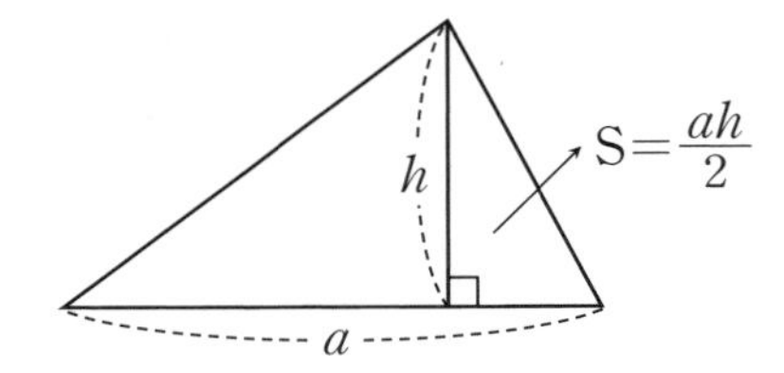

$S=\frac{ah}{2}$라는 공식은 어떻게 계산하는 것인지, 무엇을 의미하는지 살펴보기 위해 그림에 있는 문자를 봅시다.

a라고 써 있는 것은 삼각형의 무엇을 나타낼까요?

"밑변이요!"

그럼 h라고 써 있는 것은 삼각형의 무엇을 나타낼까요?

"높이요!"

이번에는 삼각형 옆에 있는 식을 살펴봅시다.

$$S=\frac{ah}{2}$$

이 식에서 ah는 삼각형의 밑변과 높이의 곱을 나타냅니다. 그리고 분모의 2는 2로 나눈다는 의미입니다. 즉, (밑변×높이÷2)를 계산하라는 것입니다. 계산하는 방법이 우리가 초등학교 5학년 때 배운 삼각형의 넓이를 구하는 것과 똑같죠?

$\frac{ah}{2}$는 삼각형의 넓이를 나타내는 공식입니다. 우리가 모르는 것을 문자로 사용할 때 영어 알파벳의 첫 글자를 사용합니다. 넓이를 나타내는 영어 square의 첫 글자가 S죠?

그래서 (넓이 = 밑변 × 높이 ÷ 2)를 문자를 사용하여 나타내면 $S=\frac{ah}{2}$입니다.

우리가 알고 있는 공식 이외에 새로운 공식을 한번 만들어 볼까요? 삼각형, 사각형, 오각형과 같은 다각형에서 꼭짓점과 이웃하지 않는 꼭짓점을 이어 기본도형인 삼각형 모양으로 쪼개어 몇 개가 들어가는지 공식으로 나타내 보는 거예요.

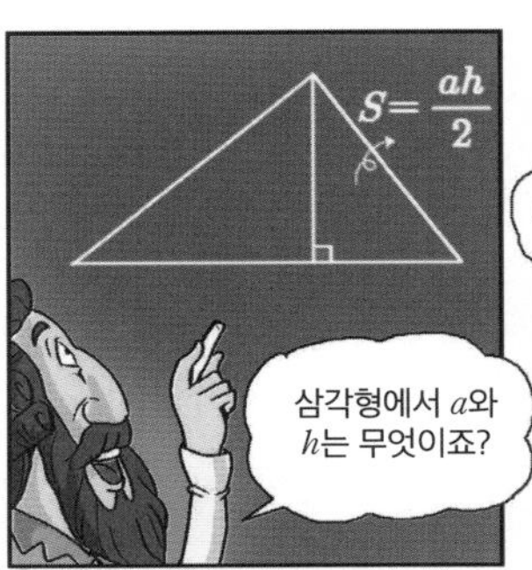

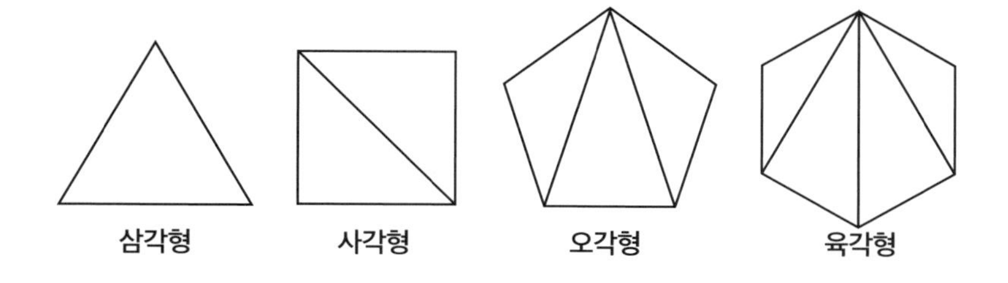

삼각형에는 1개의 삼각형이 들어갑니다.

사각형에는 2개의 삼각형이 들어갑니다.

오각형에는 3개의 삼각형이 들어갑니다.

육각형에는 4개의 삼각형이 들어갑니다.

각 도형의 이름과 들어가는 삼각형의 개수 사이의 관계를 알겠나요?

"도형에 들어가는 이름보다 2개 작은 수만큼 삼각형이 들어갑니다."

맞습니다. 다각형에 들어가는 삼각형의 수가 도형에 들어가는 숫자보다 2만큼 작습니다. 이것을 이용하여 다각형에 몇 개의 삼각형이 들어가는지 공식을 한번 만들어 봅시다. 다각형의 각이 몇 개인지 모르니까 n이라고 하면 들어가는 삼각형의 수는 $n-2$입니다.

다각형의 꼭짓점과 이웃하지 않는 꼭짓점을 이었을 때 들어가는 삼각형의 수는 $n-2$입니다.

이렇게 우리가 많이 쓰는 공식들을 잘 살펴보면 계산하는 방법과 의미를 알 수 있습니다.

식의 값

지난 시간에 속력과 시간을 모르는 차의 이동거리는 차의 속력과 시간을 모르니까 속력을 v, 시간을 t라는 문자를 사용하여 나타낸다고 했습니다. (거리)=(속력)×(시간)이니까 (거리)=tv라고 썼어요.

거리를 나타내는 식 tv를 이용하여 속력이 40km/h이고 5시간 동안 움직인 차의 이동거리를 구하면 40×5=200에서 200km 움직였다는 것을 알 수 있습니다.

$$tv=5\times 40=200$$

이와 같이 tv의 문자 대신에 수를 넣는 것을 대입한다고 합니다. 그리고 대입하여 계산한 결과인 200km를 식의 값이라고 합니다.

우리가 마트에 가면 사탕이 500원, 빵이 1000원, 과자가 2000원이라는 가격이 매겨져 있습니다. 물건에 대한 가격은 그 물건의 값이 얼마인지를 나타내는 것입니다. 이처럼 식의 값은 tv라는 것에서 속력 v가 40km/h이고 시간 t가 5시간일 때 식 tv의 가격을 나타내는 것입니다.

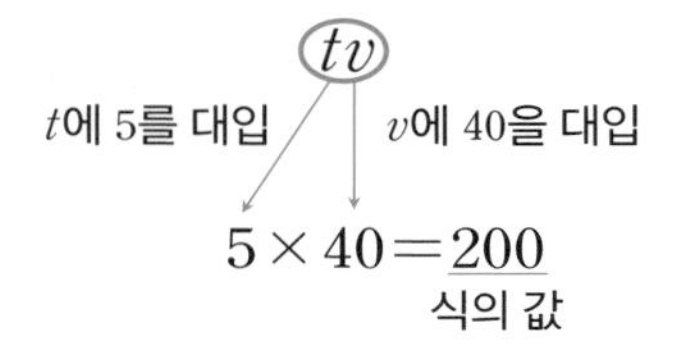

기즈모

자, 내가 들고 있는 인형을 봐 주세요. 이 인형은 〈그렘린〉이라는 영화에 나오는 기즈모입니다.

귀엽게 생겼죠? 이 기즈모를 키우려면 꼭 지켜야 하는 규칙이 있습니다. 밤 12시 이후에는 음식을 주면 안 되고, 몸에 물이 닿으면 안 되고, 햇빛을 보면 안 된다는 것입니다. 밤 12시 이후에 음식을 주고, 몸에 물이 닿으면 인간을 괴롭히는 녹색의 모과이 괴물이 되어 버리거든요.

모과이

이 괴물이 모과이 괴물이에요. 기즈모와 모과이 괴물에 물이 1ml 닿으면 나쁜 모과이 괴물이 한 마리씩 나온답니다. 기즈모에 물이 2ml 닿아 생긴 모과이 괴물에 물을 뿌렸다면 얼마나 많은 괴물이 생겨났을까요?

"두 마리요!"

비에트가 기즈모에게 물을 부었습니다.

네, 두 마리의 모과이 괴물이 생겼습니다. 이번에는 모과이 괴물에 뿌린 물에서 몇 마리의 모과이 괴물이 생기는지 알아봅시다.

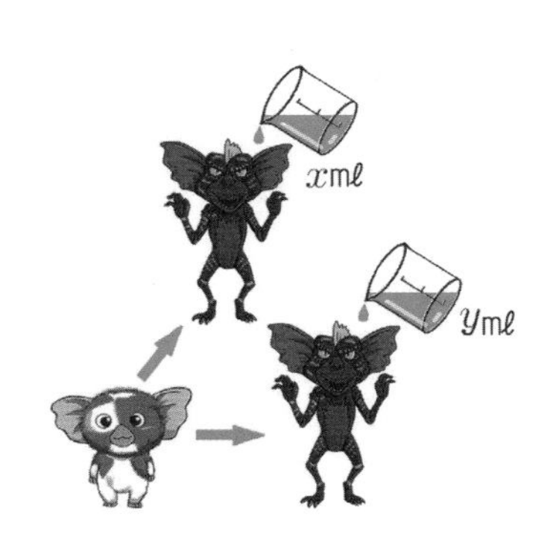

기즈모에 물이 2ml 닿아 생긴 모과이 괴물에 물을 얼마만큼 뿌렸는지 모르니까 첫 번째 모과이 괴물에게 뿌린 물의 양을 $x$ml, 두 번째 모과이 괴물에게 뿌린 물의 양을 $y$ml라고 합시다.

첫 번째 모과이 괴물에게 생긴 괴물의 수 : x

두 번째 모과이 괴물에게 생긴 괴물의 수 : y

기즈모에게서 생긴 괴물이 두 마리이고 이 괴물에게서 생긴 괴물의 수가 각각 x, y이므로 전체 괴물의 수를 식으로 나타내면 $x+y+2$입니다.

첫 번째 괴물에게 뿌린 물의 양을 10ml, 두 번째 괴물에게 뿌린 물의 양을 5ml라고 했을 때 식 $x+y+2$의 값을 구해 봅시다.

$x=10$이므로 문자 x대신에 10를 대입하고 $y=5$이므로 문자 y대신에 5를 대입합니다.

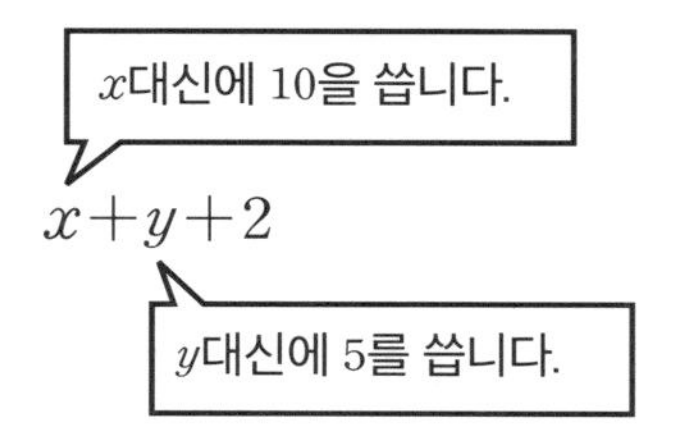

$$x+y+2=10+5+2=17$$

생겨난 괴물의 수를 나타내는 식의 값은 17이므로 17마리의 모과이 괴물이 생겼다는 것을 알 수 있습니다.

"첫 번째 괴물과 두 번째 괴물에 뿌린 양을 x, y라고 다른 문자를 사용했는데 똑같이 5ml로 같아도 되나요?"

문자 x와 문자 y를 사용한 것은 첫 번째 괴물과 두 번째 괴물이라는 차이를 나타내는 것입니다. x와 y가 똑같이 5ml를 나타낼 수도 있고 똑같이 10ml를 나타낼 수도 있어요. 모르는 것이 같은 수라고 해도 서로 다른 문자로 나타낼 수 있습니다.

문자를 사용하여 식을 나타낼 때 같은 것을 다른 문자로 나타낼 수 있습니다.

네 각의 크기가 같은 직사각형이 있습니다. 이 직사각형의 넓이는 어떻게 될까요?

가로의 길이와 세로의 길이를 모르니까 문자로 나타내어 봅시다.

가로의 길이$=x$, 세로의 길이$=y$

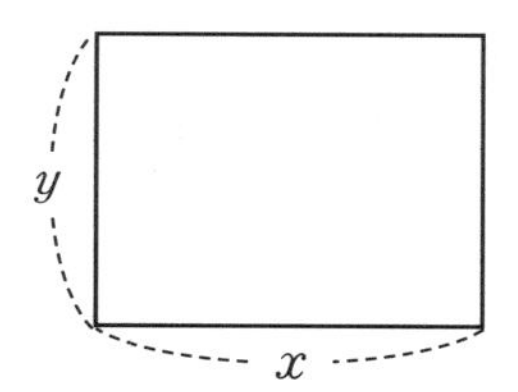

사각형의 넓이는 (가로의 길이)$\times$(세로의 길이)로 구하므로 넓이 $S=x\times y=xy$입니다. 이 직사각형의 가로와 세로의 길이가 4로 같다면 문자 x대신에 4를 대입하고 문자 y대신에 4cm을 대입하여 구하면 됩니다. 그럼 넓이는 얼마인가요?

성훈이가 44라고 했고 승미가 16이라고 했으니까 그 이유를 한번 들어 봅시다.

성훈이와 승미가 똑같이 xy에 $x=4$, $y=4$를 대입하는데 답이 서로 다르죠?

성훈이와 승미가 말한 생략된 곱하기 기호를 생각하면 사각형의 넓이가 얼마인지 구할 수 있습니다. 하지만 성훈이는 생략된 곱하기 기호를 생각하지 못해서 넓이를 잘못 구했네요! 수와 문자, 문자와 문자 사이에 곱하기 기호를 생략하기 때문에 문자 대신에 숫자를 대입하다 보면 곱하기 기호가 생략되어 있다는 것을 잊어버리기가 쉽답니다. 여러분은 승미처럼 수를 대입할 때 문자와 문자 사이의 곱하기 기호를 꼭 기억하도록 합시다.

곱하기 기호가 생략된 경우를 다시 한번 생각해 봅시다.

식 $3x-2$에서 $x=5$일 때 식의 값을 구해 봅시다. 이 식에서 $3x$는 3곱하기 x를 나타냅니다. $3x-2=3\times x-2$이므로 $x=5$를 대입해서 식의 값을 구해 보면 다음과 같습니다.

$$3\times x-2=3\times 5-2=15-2=13$$

이제 식을 보면 계산하는 방법을 알고 식의 값을 구할 수 있겠죠? 그럼 잠시 쉬는 시간을 가지면서 달콤한 팬케이크를 만들어 봅시다.

비에트가 팬케이크 밀가루에 물을 넣어 만든 것을 굽고 있습니다. 이 모습을 보는 아이들은 모두 팬케이크 먹을 생각에 행복한 표정을 하고 있습니다.

"선생님, 팬케이크 위에 맛있는 시럽을 뿌려 먹어요!"

설탕물을 가지고 메이플시럽을 만들어 볼까요? 내가 들고 있는 이 냄비 안에는 농도가 a%인 설탕물 50g이 들어 있습니다. 그럼 설탕이 얼마나 들어가 있을까요? 냄비 안 설탕물의 농도가 60%일 때 이 설탕의 양을 구해 봅시다.

설탕물의 양과 설탕의 양 사이의 관계에서 설탕의 양을 구해보면 다음과 같습니다.

$$(\text{설탕의 양}) = (\text{설탕물의 양}) \times (\text{농도})$$

$$50 \times \frac{a}{100} = \frac{a}{2}$$

설탕물의 농도가 60%이므로 (설탕의 양)$=\frac{a}{2}$에 농도를 대입하면 (설탕의 양)$=\frac{60}{2}=30$입니다.

이번에는 뻥튀기를 만들어 봅시다. 지금 이 기계 안에 옥수수를 넣어서 맛있는 뻥튀기를 만들어 먹을 거예요. 기계 안에 옥수수를 10g 넣으면 3배에서 5g만큼 적은 양의 부피의 옥수수 뻥튀기가 나옵니다.

넣은 옥수수와 나온 옥수수 뻥튀기 사이의 관계를 함수라고 이것을 나타낸 식을 함수식이라고 합니다. 함수가 영어로 funtion이므로 f 라는 문자를 사용하여 나타냅니다.

f(옥수수)=옥수수 뻥튀기

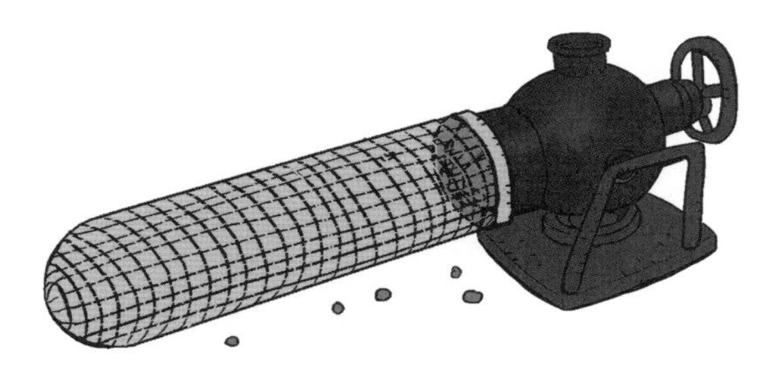

넣는 옥수수의 양을 x라고 하면 나오는 옥수수 뻥튀기의 양은 3배의 5g만큼 적은 양이 나오므로 식으로 나타내면 $3x-5$입니다. 이것을 함수식으로 나타내면 다음과 같습니다.

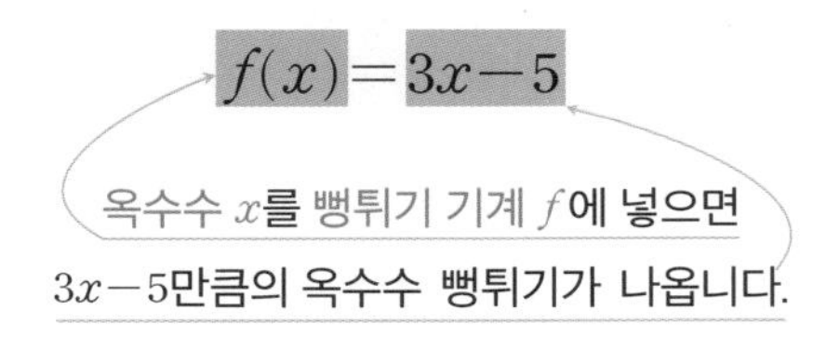

이 함수식 $f(x)=3x-5$에서 들어간 옥수수의 양 $x=25$g이라고 했을 때 나온 양인 함수식의 값함숫값을 구해 보면 다음과 같습니다.

$3x-5=3\times25-5=75-5=70$

즉, 70g입니다.

식을 보면 계산하는 방법과 무엇을 의미하는지 알 수 있다고 했죠? 그리고 문자 대신에 수를 넣는 대입을 통하여 식의 값도 구할 수 있었습니다. 다음 시간에는 문자를 사용하여 나타낸 식에서 같은 문자가 들어가 있을 때 간단하게 나타내는 방법을 배워 보도록 합시다.

수업 정리

❶ 식을 보면 계산하는 방법을 알 수 있습니다. 예를 들어 삼각형의 넓이 구하는 공식 $S=\frac{ah}{2}$에서 넓이 S는 밑면 a와 높이 h의 곱을 2로 나누어 구할 수 있습니다. 마찬가지로 $2x+3$이라는 식을 보면 어떤 수의 두 배에 3을 더했다는 것을 알 수 있습니다.

❷ 문자를 포함한 식에서 문자를 어떤 수로 바꾸어 넣는 것을 문자에 수를 대입한다고 합니다. 예를 들어 $x+3$이라는 식에 x 대신 5를 써서 $5+3$으로 나타낼 때 x에 5를 대입했다고 합니다.

❸ 식의 값이란 문자에 수를 대입하여 얻은 값입니다. 예를 들어 $x+3$이라는 식에 x에 5를 대입하여 $5+3$으로 나타냈을 때 얻은 값 8을 식의 값이라고 합니다.

❹ x를 넣어 $3x-5$가 나오는 관계를 함수라고 합니다. 그리고 이것을 나타낸 식 $f(x)=3x-5$를 함수식이라고 합니다.

❺ (설탕의 양)=(설탕물의 양)×(농도)로 구할 수 있습니다. 예를 들어 설탕물의 양이 50g이고 농도가 60%일 때 설탕의 양은 $50\times\frac{60}{100}$이므로 설탕의 양은 30g입니다.

3교시

일차식 간단하게 나타내기

복잡한 식을 간단하게 나타낼 수는 없을까요?
식을 간단하게 나타내 봅시다.

수업 목표

1. 항, 다항식, 단항식, 계수, 차수의 뜻을 알아봅니다.
2. 동류항을 모아 식을 간단히 만들어 봅니다.

미리 알면 좋아요

1. 직사각형의 넓이는 (가로)×(세로)로 구할 수 있습니다.

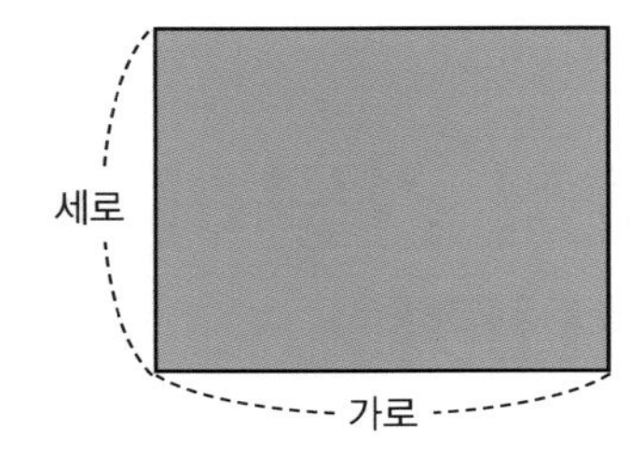

2. cm^2은 넓이의 단위입니다. 가로의 길이가 2cm, 세로의 길이가 3cm인 직사각형의 넓이는 $6\mathrm{cm}^2$입니다. 넓이의 단위를 알아보면 $10000\mathrm{cm}^2$제곱센티미터 $=1\mathrm{m}^2$제곱미터라고 하고 $100\mathrm{m}^2=1a$아르, $100a=1\mathrm{ha}$헥타아르, $100\mathrm{ha}=1\mathrm{km}^2$제곱킬로미터입니다. ha헥타아르는 보통 땅의 넓이는 재는 데 쓰입니다.

3. 문자를 사용하여 곱셈을 나타낼 때 숫자와 문자, 문자와 문자 사이에 곱하기 기호 '×'는 생략하여 나타낼 수 있습니다. 예를 들어 $2\times x=2x$이고 $x\times y=xy$입니다.

비에트의
세 번째 수업

지난 수업 시간에는 식을 보고 계산하는 방법을 알 수 있었고 그 식의 값도 구해 보았습니다. 이번 시간에는 복잡한 식을 간단하게 나타내는 방법을 알아보도록 합시다. 농구에서는 슛에 따라 점수가 다릅니다. 농구 시합의 점수를 아나요?

"반원 밖에서 던지면 3점 슛이요!"

"반원 안에서는 2점이요."

"자유투는 1점이요."

그래요, 농구는 1점의 자유투, 2점 슛, 3점 슛으로 슛에 따라 점수가 다릅니다. 농구 시합에서 3점 슛 x개, 2점 슛 y개, 1점 슛 5개를 넣었다면 우리 팀의 점수는 얼마일까요?

아이들은 문자를 사용하여 식을 나타내는 것에 자신이 있다는 표정으로 대답합니다.

“$3x+2y+5$입니다.”

맞습니다. 식 $3x+2y+5$에서 수와 문자의 곱으로 이루어진 $3x$, $2y$, 3을 각각 $3x+2y+5$의 항이라고 하고, $3x+2y+5$과 같이 항의 합으로 이루어진 식을 다항식이라고 합니다. 보통 우리가 쓰는 모든 식은 다항식입니다.

이 항들에는 여러 가지 의미가 숨어 있습니다.

$3x$를 봅시다.

$3x$와 같이 항이 하나만 있는 다항식을 단항식이라고 합니다.

$3x$는 $3\times x$이므로 숫자 3과 문자 x를 곱하여 계산하는 것입

니다. 이때 문자에 곱해진 숫자를 x의 계수라고 합니다. 계수는 한자 係數를 소리 나는 대로 적은 것으로 係계는 '관련을 갖다'라는 뜻이에요. 계수는 '어떤 것과 관련이 있는 수'라고 할 수 있습니다. $3x$의 계수 3은 x와 관련이 있는 것이지요.

항 $2y$의 계수는 얼마일까요?

"2입니다."

네, 맞습니다. 이번에는 $3x$에 곱해진 문자를 봅시다. 문자 x가 하나만 곱해져 있죠? 항에 곱하여진 문자의 개수를 그 문자의 차수라고 합니다.

$3\times x$는 x가 한 번 곱해져 있으므로 일차입니다. $3\times x\times x$와 같이 x가 두 번 곱해져 있으면 이차입니다.

비에트가 칠판에 $3x+3x^2$를 썼습니다.

$3x^2$에서 문자 x의 뒤에 작게 2라는 숫자가 써 있죠?

이것은 x를 두 번 곱했다는 뜻으로 해석하고 제곱이라고 읽으면 됩니다.

x^2 → 'x제곱'이라고 읽습니다.

이 식의 차수는 얼마일까요?

$$3x+3x^2$$

아이들은 1과 2 중에 어떤 것인지 모르겠다는 표정을 지으며 작은 목소리로 답했습니다.

"1입니다."

"2입니다."

항 $3x$는 일차이고 항 $3x^2=3\times x\times x$는 이차입니다. 이렇게 2개 이상인 항이 더하여 있을 때는 차수가 더 높은 것을 그 다항식의 차수라고 합니다. 그러면 같은 질문을 다시 해 볼까요? 식 $3x+3x^2$의 차수는 얼마일까요?

아이들이 이제는 확실하게 안다는 표정으로 큰 소리로 대답합니다.

"2입니다."

$3x$와 같이 차수가 1인 식을 일차식이라고 합니다. $3x+3x^2$와 같이 차수가 2인 식은 이차식이라고 합니다.

이번에는 5를 봅시다.

이 항은 $3x$, $2y$와 달리 숫자만 써 있습니다.

$3x$라는 항에서 x에 1을 넣으면 $3x$의 값은 얼마인가요?

"3입니다."

이번에 x에 2를 넣으면 $3x$의 값은 얼마인가요?

"6입니다."

x에 어떤 수를 넣느냐에 따라 $3x$의 값이 달라지죠? 마찬가지로 y에 어떤 수를 넣느냐에 따라 $2y$의 값도 달라집니다. 이렇게 변하는 x, y를 변수라고 합니다. 변수는 한자 變數를 소리 나

는 대로 적은 것으로 變변은 '변한다'는 뜻입니다. 즉, 문자에 어떤 수를 쓰느냐에 따라 여러 가지 값으로 변할 수 있는 수입니다. 하지만 항 중에서 숫자로만 이루어진 5와 같은 항은 값이 변하지 않습니다. 이렇게 값이 변하지 않는 특별함 때문에 수로 이루어진 항은 상수항이라는 특별한 이름을 줍니다.

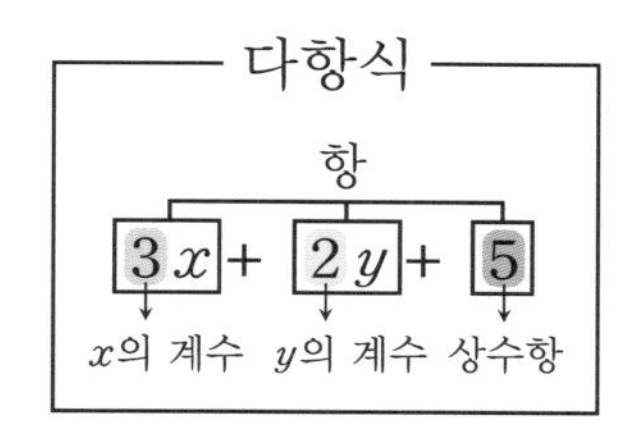

비에트가 칠판에 동전을 여러 가지 붙여 놓았습니다.

여기 있는 동전에서 같은 종류끼리 모아서 저금통에 넣을 거예요.

저금통이 몇 개 필요할까요?

"4개요!"

500원짜리는 모두 같은 종류이니까 한 저금통에 넣으면 됩니다. 마찬가지로 100원끼리, 50원끼리, 10원끼리 넣어야 하니까 4개의 저금통이 필요합니다. 이렇게 같은 종류를 동류라고 하는데 식에 써 있는 항들도 같은 종류가 있어요. 같은 종류의 항이라고 해서 동류항이라고 합니다. 식에서 동류항은 어떻게 구하는지 알아봅시다.

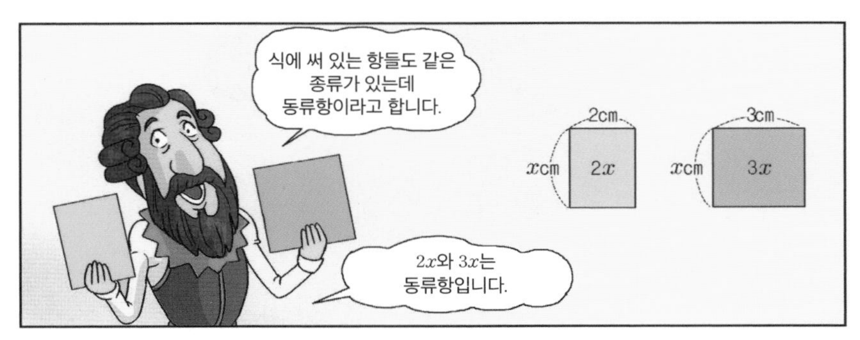

우선, 두 개의 색종이를 보세요.

두 개의 색종이 ①와 ②의 넓이는 얼마일까요?

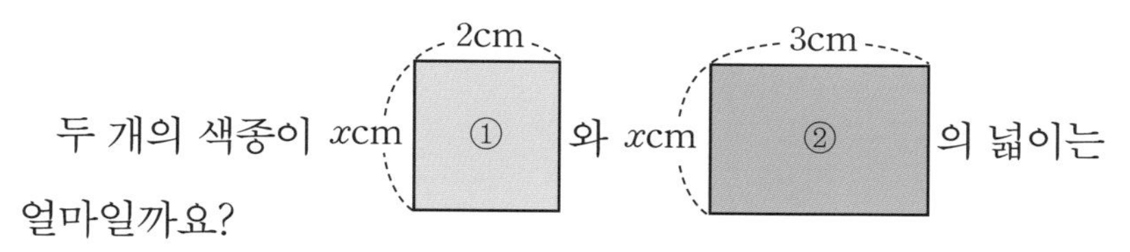

"①번 색종이는 $2x\text{cm}^2$입니다."

"②번 색종이는 $3x\text{cm}^2$입니다."

그러면 이 두 색종이의 넓이의 합은 $2x+3x$입니다.

넓이를 나타내는 식 $2x+3x$에 항이 두 개 있죠? $2x$와 $3x$는 공통점이 있어요. 둘 다 문자 x가 한 번 곱해진 일차식이라는 점입니다. 동전에서 같은 값을 나타내는 500원 동전끼리 한 저금통에 넣었던 것처럼 항도 같은 종류의 문자와 차수가 공통점을 가진 항을 동류항이라고 합니다. 이때 문자와 차수를 잘 살펴보아야 합니다.

비에트가 칠판에 $3x^2y$와 $2xy^2$를 적었습니다.

두 식의 공통점을 찾아볼까요?

"같은 문자가 들어가 있어요."

"문자를 세 개 곱했어요."

네, 맞습니다. 그러면 두 식은 동류항일까요?

아이들은 둘 다 x, y 문자가 있고 세 개 곱해졌으므로 동류항이라고 생각하고 "네!"라고 대답합니다.

같은 문자와 문자가 세 개 곱했다고 동류항이라고 생각하면 안돼요.

$3x^2y=3\times x\times x\times y$: x가 두 개, y가 한 개

$2xy^2=2\times x\times y\times y$: x가 한 개, y가 두 개

$3x^2y$와 $2xy^2$에 곱해진 x의 개수가 다릅니다. 마찬가지로 곱해진 y의 개수도 달라요. 이렇게 같은 문자의 곱해진 수가 다르면 동류항이라고 할 수 없습니다.

아이들은 이제야 곱해진 문자의 수도 같아야 된다는 것을 이해하고 고개를 끄덕입니다.

$2x$와 $3x$를 동류항이라고 했습니다. 이런 동류항끼리는 모아서 간단하게 할 수 있어요.

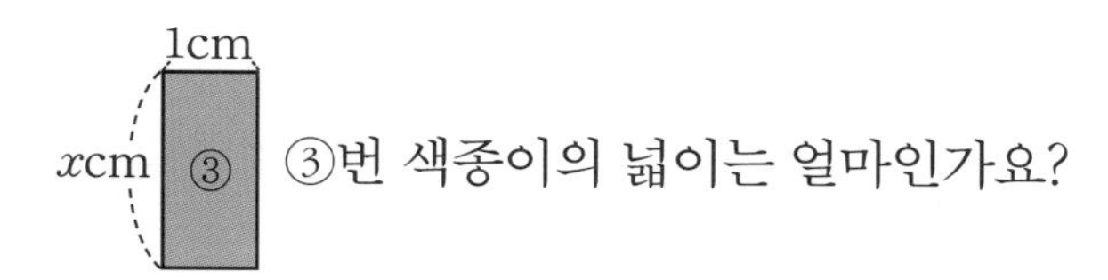

③번 색종이의 넓이는 얼마인가요?

"$x\text{cm}^2$입니다."

네, 이제 문자를 이용하여 식을 잘 나타내는군요. $1\times x$이므로 1을 생략하여 x입니다.

①번 색종이에 ③번 색종이가 몇 개 들어갈까요?

"2개입니다."

①번 색종이의 넓이 $2x\text{cm}^2$는 ③번 색종이 두 개의 넓이의 합 $x\text{cm}^2+x\text{cm}^2$와 같습니다.

$$2x=x+x$$

②번 색종이에는 ③번 색종이가 몇 개 들어갈까요?

"3개입니다."

②번 색종이의 넓이 $3x$cm^{2}는 ③번 색종이 3개의 넓이의 합 $x$cm^2+$x$cm^2+$x$cm^{2}와 같습니다.

$$3x=x+x+x$$

이제 ①번 색종이와 ②번 색종이의 넓이를 더해 봅시다.

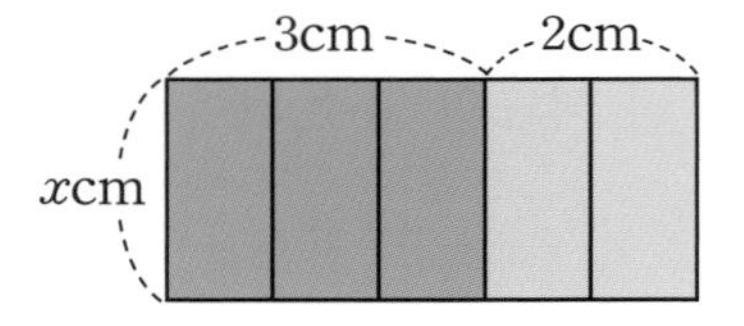

두 색종이를 더하면 ③번 색종이가 몇 개 들어갈까요?

"5개입니다."

③번 색종이가 3개 들어가는 ②번 색종이와 ③번 색종이가 2개 들어가는 ①번 색종이를 더하면 ③번의 색종이가 5개 들어갑니다.

$$
\begin{array}{rl}
 & \text{①번 색종이 넓이}=2x=x+x \\
+) & \text{②번 색종이 넓이}=3x=x+x+x \\
\hline
 & \text{두 색종이의 합}\quad =2x+3x=x+x+x+x+x
\end{array}
$$

그래서 두 색종이의 넓이의 합은 넓이가 $x\text{cm}^2$인 ③번 색종이가 5개 들어가므로 $5x$입니다.

$$2x+3x=x+x+x+x+x=5x$$

이번에는 ②번 색종이에서 ①번 색종이의 넓이를 빼 봅시다.

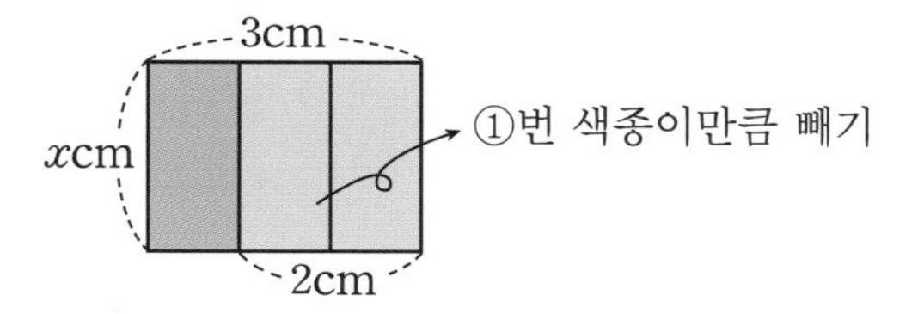

②번 색종이에서 ①번 색종이를 빼면 ③번 색종이가 몇 개 들어갈까요?

"1개입니다."

더할 때와 같이 계산을 해 봅시다.

②번 색종이 넓이 $=3x=x+x+x$

$-)$ ①번 색종이 넓이 $=2x=x+x$

두 색종이의 차 $=3x-2x=x+x+x-x-x$

그래서 두 색종이의 넓이의 차는 넓이가 $x\text{cm}^2$인 ③번 색종이가 1개 들어가므로 x입니다.

$$3x-2x=x+x+x-x-x=x$$

동류항 $3x$와 $2x$의 합 $3x+2x$를 $5x$로, 차 $3x-2x$를 x로 간단하게 나타냈죠? 동류항끼리의 합이나 차는 하나의 항으로 간단하게 만들 수 있습니다. 동류항끼리 간단하게 나타낼 때는 계수를 이용하면 됩니다.

$3x+2x=5x$에서 계수를 주의 깊게 봅시다.

$3x$와 $2x$, $5x$의 계수는 얼마인가요?

"3, 2, 5입니다."

$$3x+2x=5x$$

네, 계수를 보면 계수 3과 2를 더하면 계수 5가 나오죠? 동류항의 합을 구할 때는 계수를 더하여 문자 앞에 써 주면 됩니다.

이번에는 $3x-2x=x$의 계수를 봅시다.

$3x$와 $2x$, x의 계수는 얼마인가요?

"3, 2, 1입니다."

정말 계수를 잘 찾는군요. $x=1\times x$에서 1이 생략된 것이므로 계수가 1입니다.

$$3x-2x=x$$

계수 3에 2를 빼면 1이 나오죠? 동류항의 차를 구할 때는 계수를 빼서 문자 앞에 써 주면 됩니다.

식이 있을 때 동류항을 찾으면 식을 간단하게 나타낼 수 있다고 했습니다. $3x+2y-x+5y+2$와 같은 식을 간단하게 만드는 순서를 정리해 봅시다.

1단계 우선 동류항을 찾습니다. 동류항에는 어떤 것이 있죠?

"$3x$와 x입니다."

"$2y$와 $5y$입니다."

2단계 동류항끼리 계산합니다.

$3x+2y-x+5y+2$에서 동류항의 차 $3x-x=2x$입니다.

$3x+2y-x+5y+2$에서 동류항의 합 $2y+5y=7y$입니다.

3단계 이제 계산한 것을 적습니다. 단! 동류항이 없는 상수항 2는 그대로 써 주면 됩니다.

$$3x+2y-x+5y+2=2x+7y+2$$

복잡하고 긴 식이라도 동류항을 찾으면 더 간단하게 나타낼 수 있었죠? 다음 수업 시간에도 식을 간단하게 나타내는 방법을 배워 봅시다. 다음 시간에 만나요.

수업 정리

❶ 문자를 사용하여 나타내어진 식에서 식을 구성하고 있는 하나 하나의 단위를 항이라고 합니다. 예를 들어 식 $3x+2y+5$에는 항이 $3x$, $2y$, 5가 있습니다. 그리고 항이 하나 이상 모여 이루어진 식을 다항식이라고 합니다.

❷ 다항식 중에서 항이 하나만 있는 것을 단항식이라고 합니다. 특히 상수로만 이루어진 항은 상수항이라고 합니다.

❸ 변하는 양을 나타내는 문자 x, y를 변수라고 합니다.

❹ 숫자와 문자의 곱에서 문자와 관련이 있는 것으로 문자 앞에 곱해진 숫자를 계수라고 합니다. 예를 들어 $3x$에서 3이 x의 계수이고, $2xy$에서 2가 xy의 계수입니다.

❺ 항에 곱해진 문자의 개수를 그 문자의 차수라고 합니다. 예를 들어 $3x^2$에서 x가 두 번 곱해진 것이므로 'x의 차수는 이차이다.'라고 합니다.

수업 정리

❻ 2개 이상의 항이 더하여 진 다항식에서 각 항의 차수를 비교하여 가장 높은 것을 그 다항식의 차수라고 합니다. 예를 들어 x^2+3x의 항 x^2의 차수는 이차이고 $3x$의 차수는 일차이므로 이 다항식의 차수는 이차입니다. 그리고 가장 높은 차수가 1인 $x+3$과 같은 식을 일차식이라고 합니다.

❼ 같은 종류의 문자와 차수를 가진 항을 동류항이라고 합니다. 다항식 $3xy^2+5xy^2$의 항 $3xy^2$과 $5xy^2$은 똑같이 x가 1개, y가 2개 곱해져 있으므로 동류항입니다. 이러한 동류항은 계수 3과 5를 계산하여 간단하게 $8xy^2$으로 나타낼 수 있습니다.

4교시

지수법칙

문자가 여러 번 곱해진 식은 어떻게 간단하게 나타낼까요?
그리고 이 식의 곱셈과 나눗셈은 어떻게 하는 것일까요?
문자가 여러 번 곱해진 식을 간단하게 나타내 봅시다.

수업 목표

1. 거듭제곱으로 된 수끼리의 곱셈을 해 봅니다.
2. 거듭제곱으로 된 수의 거듭제곱을 간단히 해 봅니다.
3. 거듭제곱으로 된 수끼리의 나눗셈을 해 봅니다.
4. 밑이 곱 또는 분수로 된 수의 거듭제곱을 간단히 해 봅니다.

미리 알면 좋아요

1. 같은 것끼리 곱하는 것을 제곱이라고 합니다. 넓이를 나타내는 단위 m^2은 m미터가 두 번 곱해진 것입니다.

2. 직사각형 여섯 개로 둘러싸여 있는 도형을 직육면체라고 합니다. 직육면체의 부피를 구하는 방법은 (가로)×(세로)×(높이)입니다.

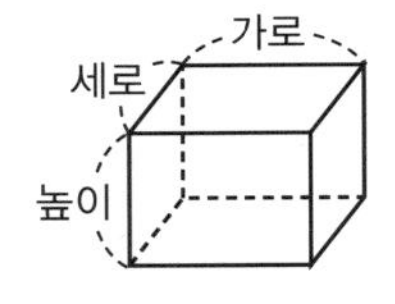

3. 2, 3, 5, ……과 같이 1과 자기 자신을 약수로 갖는 수를 소수라고 합니다. 그리고 자연수를 소수의 곱으로 나타내는 것을 소인수분해라고 합니다. 예를 들어 4의 소인수분해는 $2\times2=2^2$이고 6의 소인수분해는 2×3입니다.

비에트의
네 번째 수업

지난 시간에는 항의 합으로 이루어진 다항식에서 동류항을 찾으면 다항식을 더 간단하게 나타낼 수 있다고 배웠습니다.

이번 시간에는 문자가 여러 번 곱해진 식을 간단하게 나타내는 방법을 배울 거예요.

비에트가 종이 한 장을 손에 들었습니다.

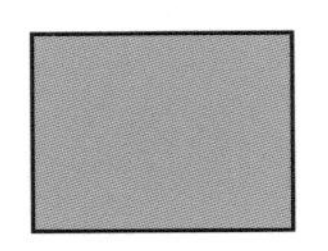

이 종이를 이등분하면 몇 조각이 되나요?

"두 조각이요!"

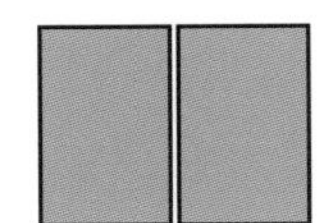

이 색종이 두 조각을 모두 이등분하면 몇 장이 되나요?

"네 조각이요!"

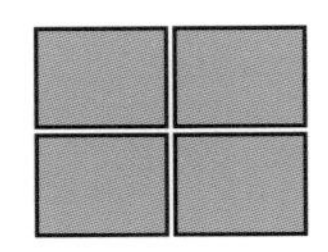

두 조각을 모두 이등분하니까 네 조각이 되었습니다. 색종이를 이등분하면 나누기 전보다 두 배가 많아집니다.

(이등분한 후 조각의 수)=(이등분하기 전의 조각의 수)×2

네 조각을 모두 이등분하면 몇 장이 되나요?

"네 조각의 두 배이니까 여덟 조각입니다."

그렇습니다. $4 \times 2 = 8$입니다. 이렇게 8조각이 됩니다.

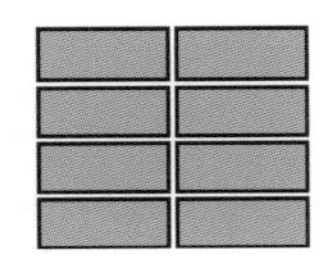

이것을 표로 만들어 봅시다.

이등분한 횟수	색종이 조각의 수
1	2
2	$2\times2=4$
3	$2\times2\times2=8$
4	$2\times2\times2\times2=16$
5	$2\times2\times2\times2\times2=32$
10	$2\times2\times2\times2\times2\times2\times2\times2\times2\times2=1024$

그러면 이등분을 열 번하여 생긴 종이의 수는 $2\times2\times2\times2\times2\times2\times2\times2\times2\times2$이죠? 이렇게 똑같은 2를 열 번 쓰면 시간이 오래 걸립니다. 그리고 이 식을 처음 본 사람은 2가 몇 개 있는지 세야 하는 불편함이 있어요. 그리고 2를 열 번 곱하는 계산을 하기도 번거로워요. 그래서 지난 시간에 간단하게 나타내는 방법을 배웠습니다. 무엇일까요?

"제곱이요."

잘 기억하고 있네요. 제곱은 같은 것을 곱하는 것이라고 했습니다. 세제곱은 같은 것을 제곱 앞에 써 있는 숫자만큼 '세' 번 곱했다는 뜻입니다.

문자 x를 제곱하면 $x\times x=x^2$으로 문자 위에 작게 '두 번 곱했다는 뜻'으로 숫자 '2'를 써 줍니다. 마찬가지로 문자 x를 세제곱하면 $x\times x\times x$로 문자 위에 숫자 '3'을 써서 x^3이라고 씁니다. 이렇게 같은 것을 여러 번 곱하는 것을 거듭제곱이라고 합니다.

2^4라고 쓰인 거듭제곱은 2를 네 번 곱한 것으로 '2의 네제곱'이라고 읽습니다. 똑같이 곱해지는 수 2를 거듭제곱의 밑이라고 하고 곱해지는 횟수인 4를 거듭제곱의 지수라고 합니다.

$$2^4$$

(4 ← 지수, 2 ← 밑)

그러면 색종이를 열 번 이등분하면 몇 조각이 되는지 거듭제곱으로 나타낼 수 있겠죠?

"네, 2^{10}으로 나타내면 됩니다."

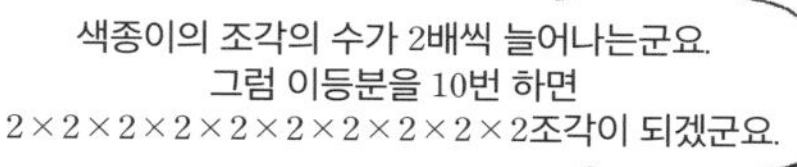

2^{10}을 계산하려면 긴 시간 동안 계산해야 하고 검산도 해야 해서 번거로워요. 하지만 거듭제곱을 사용하여 나타내면 2^{10}으로 간단하게 나타내고 계산하지 않아도 됩니다. 거듭제곱을 사용하면 똑같은 것을 여러 번 쓰지 않아도 되고 복잡하게 계산하지 않아도 되니까 참 편리하죠?

$2\times2\times2\times3\times3$과 같은 값을 가진 숫자 72는 2가 세 번 곱해지고 3이 똑같이 두 번 곱해지고 있으니까 거듭제곱을 이용하여 더 간단하게 나타낼 수 있습니다.

$$2\times2\times2\times3\times3=2^3\times3^2$$

거듭제곱이라는 것을 처음 배운 것 같지만 실은 식의 계산을 배우기 전에도 여러분은 거듭제곱을 많이 사용하고 있었어요. 여러분은 수학 시간에 2^3처럼 위에 작은 글씨로 숫자를 쓴 적이 있어요. 언제였을까요?

"넓이 구할 때요."

"부피 구할 때요."

잘 기억하고 있네요. 넓이를 나타내는 단위 m^2를 '제곱미터'라고 읽죠? m^2에서 작게 쓰인 '2'가 '제곱', m이 '미터meter'를 나타냅니다.

비에트가 정사각형을 꺼내 들었습니다.

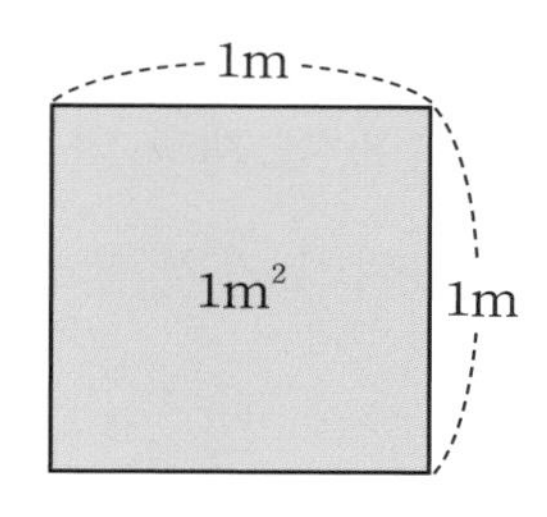

정사각형의 넓이는 어떻게 구할까요?

"(정사각형의 넓이)=(한 변의 길이)×(한 변의 길이)입니다."

맞아요, 이 정사각형 넓이를 구하면 1m×1m입니다. 여기서 길이의 단위 m가 두 번 곱해졌기 때문에 거듭제곱을 이용하여 m^2이라고 쓴 것입니다.

마찬가지로 부피의 단위도 구할 수 있습니다.

이것은 정육면체, 즉 큐브cube입니다. 이 큐브는 헝가리의 건축학 교수인 루비크Ernő Rubik가 개발하여 정확한 이름은 '루빅 큐브'지만 간단하게 큐브라고 부른답니다.

앞의 큐브에는 한 모서리에 세 개의 다른 색노랑, 파랑, 빨강이 모여 있습니다. 그래서 보통 여러 가지 색깔과 모양을 맞추는 게임에 이용됩니다.

부피는 큐브와 같은 입체도형의 내부의 크기를 말하며 부피는 (가로)×(세로)×(높이)를 이용하여 구할 수 있습니다. 큐브는 정육각형이므로 가로, 세로, 높이의 길이가 모두 같습니다. 큐브의 길이를 모르니까 문자를 사용하여 나타내야겠죠? 가로의 길이를 xm라고 합시다.

$$가로=세로=높이=x\text{m}$$

자, 이제 큐브의 부피를 구해 봅시다.

$$부피=가로\times 세로\times 높이=x\text{m}\times x\text{m}\times x\text{m}$$

부피에 x 문자가 세 번 똑같이 곱해져 있고 길이의 단위 m가 세 번 곱해졌므로 부피는 $x^3\text{m}^3$으로 나타낼 수 있습니다. 즉, 부피의 단위는 m가 세 번 곱해지므로 m^3이고 '세제곱미터'라고 읽습니다.

영어로 세제곱을 큐브cube라고 합니다. 신기하게도 정육각형을 나타내는 큐브cube라는 뜻과 똑같죠?

지수법칙

a^x 라고 쓴 식이 있습니다. a라는 문자를 몇 번 곱한 것일까요?

"x번이요."

네, 이렇게 몇 번 곱하는지 알려 주는 x를 지수라고 했습니다. 지수에는 여러 가지 법칙이 있어요. 이 법칙에는 어떤 것이 있는지 알아봅시다.

첫 번째 지수법칙

$2^3 \times 2^4$라고 써 있는 식이 있어요. 2^3과 2^4 모두 거듭제곱으로 된 식입니다. 이렇게 거듭제곱된 수끼리도 곱셈을 할 수 있습니다. 거듭제곱 2^3은 2가 세 번 곱해졌다는 것이고 2^4는 2가 네 번 곱해졌다는 것입니다.

$$2^3 = 2 \times 2 \times 2, \quad 2^4 = 2 \times 2 \times 2 \times 2$$

그럼 $2^3 \times 2^4$은 2가 몇 번 곱해진 것인가요?

"7번이요."

그렇죠! 2를 세 번 곱하고 또 2를 네 번 곱했으니까 2를 곱한 횟수는 $3+4=7$, 즉 7번 곱했습니다. 그래서 $2^3 \times 2^4 = 2^7$입니다. 2^3과 2^4와 같이 밑이 같은 경우에 지수를 더하여 간단하게 나타낼 수 있습니다.

$$2^3 \times 2^4 = 2^{3+4} = 2^7$$

거듭제곱된 식의 곱셈 : 지수의 덧셈으로 구할 수 있습니다.

지수의 덧셈

$$a^m \times a^n = a^{m+n}$$

두 번째 지수법칙

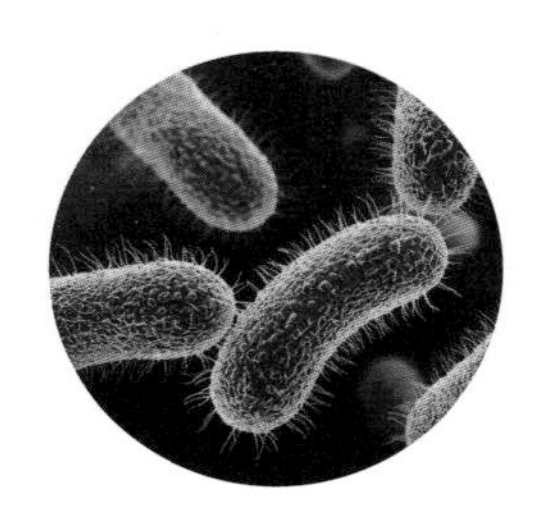

옆의 박테리아는 2005년에 독도에서 처음으로 발견된 것입니다. 어떤 환경이 주어지면 이 박테리아는 분열하여 1시간마다 그 수가 4배로 늘어난다고 합니다. 1마리의 박테리아가 있을 때, 5시간 후에 분열된 박테리아의 수는 얼마일지 구해 봅시다.

1시간에 1마리가 4마리가 되고, 2시간이 지나면 4마리가 각각 4배가 되므로 $4 \times 4 = 16$마리가 됩니다. 이것을 시간마다 구해서 표에 적어 봅시다.

시간	분열된 박테리아의 수
1	4
2	$4\times4=4^2=16$
3	$4\times4\times4=4^3=64$
4	$4\times4\times4\times4=4^4=256$
5	$4\times4\times4\times4\times4=4^5=1024$

5시간이 지나면 한 마리의 박테리아가 1024개로 분열됩니다. 색종이를 반으로 나누었을 때 10번 나누면 2^{10}, 즉 1024개의 조각이 된다고 했죠? 4^5와 2^{10}을 계산하면 둘 다 1024로 똑같은 값이 나옵니다. 서로 다른 수 2와 4를 각각 열 번, 다섯 번 곱했는데 똑같은 값이 나오는 이유가 무엇인지 알아봅시다.

4^5에서 4는 2^2과 같으므로 4를 다섯 번 곱하는 것과 2^2을 다섯 번 곱하는 것은 같습니다.

$$4^5=(2^2)^5$$

$(2^2)^5$이라는 것은 2^2을 몇 번 곱하는 거죠?

"다섯 번이요!"

다섯 번 곱하는 것이므로 $(2^2)^5=2^2\times2^2\times2^2\times2^2\times2^2$입니다. 그리고 $2^2\times2^2\times2^2\times2^2\times2^2$에서 2^2은 2를 두 번 곱한 것입니다.

$$2^2 \quad \times 2^2 \quad \times 2^2 \quad \times 2^2 \quad \times 2^2$$

$$\uparrow \quad \uparrow \quad \uparrow \quad \uparrow \quad \uparrow$$

$$2\times2 \quad 2\times2 \quad 2\times2 \quad 2\times2 \quad 2\times2$$

질문! $2^2\times2^2\times2^2\times2^2\times2^2$은 2를 몇 번 곱한 것일까요?

아이들은 자신 있게 "10번이요."라고 소리칩니다.

모두 거듭제곱을 정말 잘 이해하고 있군요. 대단해요! 그래서 2^2을 다섯 번 곱한 $(2^2)^5$과 2^{10}은 같습니다.

두 번씩 다섯 번 곱하면 열 번입니다. $2\times5=10$

$(2^{②})^{⑤}$

괄호 안의 2를 다섯 번 곱하여 열 번이 나옵니다. 이렇게 거듭제곱된 식을 다시 거듭제곱할 때는 지수의 곱으로 구할 수 있습니다.

$(2^2)^5=2^{2\times5}=2^{10}$

거듭제곱된 식의 거듭제곱 : 지수의 곱으로 구할 수 있습니다.

지수의 곱셈

$$(a^m)^n = a^{mn}$$

$(3^5)^2$으로 다시 확인해 봅시다. 거듭제곱된 식 3^5을 다시 거듭제곱하면 3을 다섯 번씩 두 번 곱하는 것이므로 $5\times2=10$, 즉 열 번 곱하는 것입니다.

세 번째 지수법칙

문자를 사용하여 식을 나타내면 식을 간단하게 나타내고 풀이 과정을 알 수 있다고 했어요. 문자를 사용하여 나눗셈을 할 때는 나눗셈 기호를 생략하고 분수로 나타내면 식을 간단하게 나타낼 수 있었습니다. 거듭제곱으로 나타내어진 식의 나눗셈에서도 식을 간단하게 나타내기 위해서 나눗셈 기호를 생략하고 분수로 나타낼 수 있습니다.

밑이 x로 같은 거듭제곱의 나눗셈 $x^5 \div x^2$를 간단히 하기 위해 분수로 나타내면 $\frac{x^5}{x^2}$입니다. x^5는 x를 다섯 번 곱한 것이고 x^2은 x를 두 번 곱한 것이므로 $\frac{x^5}{x^2}=\frac{x\times x\times x\times x\times x}{x\times x}$로 나타낼 수 있

습니다. 똑같은 것을 약분하면 식을 간단하게 할 수 있습니다.

$$\frac{x^5}{x^2}=\frac{x\times x\times x\times x\times x}{x\times x}=\frac{x\times x\times x\times \cancel{x}\times \cancel{x}}{\cancel{x}\times \cancel{x}}=x^3$$

분자가 분모보다 5−2번, 즉 세 번 더 곱해졌죠? 그래서 분자에 x가 세 번 곱해진 x^3이 됩니다. $x^2\div x^5$을 간단하게 나타내 봅시다.

$$\frac{x^2}{x^5}=\frac{\cancel{x}\times \cancel{x}}{\cancel{x}\times \cancel{x}\times x\times x\times x}=\frac{1}{x\times x\times x}=\frac{1}{x^3}$$

이번에는 분모가 분자보다 5−2=3번 더 곱해지므로 분모에 x가 세 번 곱해진 x^3이 남아 $\frac{1}{x^3}$이 됩니다.

즉, 거듭제곱의 나눗셈을 할 때는 분모와 분자 중 어디가 얼마나 많이 곱해졌는지 살펴본 후 약분하므로 많이 곱해진 쪽의 거듭제곱이 남습니다.

밑이 3으로 같은 거듭제곱의 나눗셈 $3^{10}\div 3^4$을 나눗셈 기호를 생략하고 분수로 나타내면 $\frac{3^{10}}{3^4}$입니다. 분자가 분모보다 10−4=6번 더 곱해졌으므로 분자에 여섯 번 곱한 것 3^6이 남게 됩니다. 따라서 $\frac{3^{10}}{3^4}=3^6$입니다.

거듭제곱의 나눗셈 : 분자와 분모가 각각 곱해진 횟수를 비교하면 많이 곱해진 쪽의 지수가 차이만큼 남습니다.

$2 \div 2$는 같은 수로 나누었으므로 1입니다. 마찬가지로 거듭제곱으로 된 식의 나눗셈 $a^n \div a^n$은 a^n을 같은 수 a^n으로 나누므로 1이 됩니다.

네 번째 지수법칙

비에트가 트라이앵글과 북을 치며 소리를 냅니다.

트라이앵글과 북의 소리가 들리죠? 우리가 악기의 소리를 듣는다는 것은 악기에서 나는 소리가 공기 속에서 움직여 여러분 귀에 들리는 것입니다. 소리는 3가지 요소 소리의 세기, 소리의 높낮이, 소리의 음색으로 만들어집니다.

트라이앵글 소리보다 북 소리가 더 크게 들리죠? 이것을 소리의 세기라고 합니다. 리코더를 부를 때 '도'와 '미'의 소리가 차이가 나는 것은 소리의 높낮이 때문입니다. 그리고 소리의 음색 때문에 우리는 피아노의 '도'와 실로폰의 '도'가 높이가 같은데도 소리를 구분할 수 있습니다.

북에서 난 소리가 공기를 따라 우리의 귀에 들릴 때 소리는 곡선과 같이 왔다 갔다 진동하며 움직입니다. 그리고 중심에서 최대로 움직이는 거리를 진폭이라고 합니다.

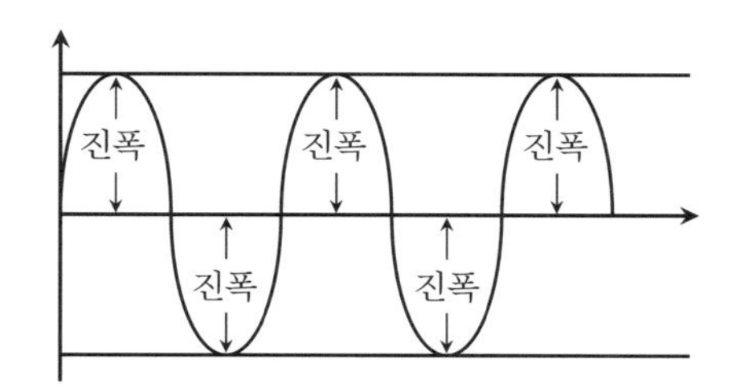

[그림1]은 0.01초 동안 두 번 진동하고 [그림2]는 같은 시간 동안 일곱 번 정도 진동을 합니다. 진동이 많을수록 그리고 진폭이 클수록 소리의 크기는 큽니다.

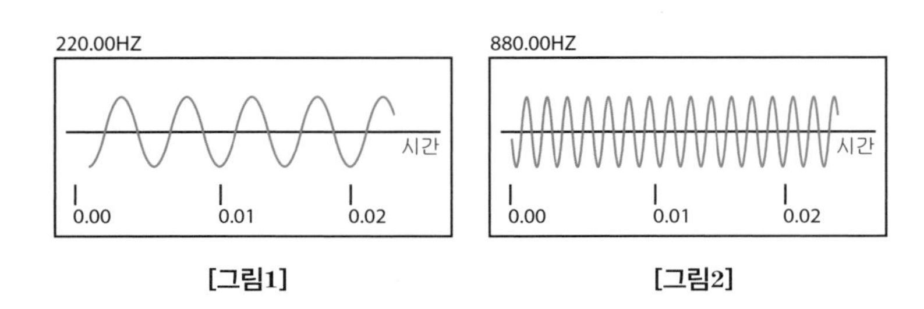

[그림1] **[그림2]**

소리의 세기는 (진동수$\times$ 진폭)^{2}에 비례합니다. 처음 소리의 크기가 1dB데시벨일 때, 진동수가 두 배, 진폭이 세 배가 되면 소리의 세기는 $(2\times3)^2$배가 되므로 36dB가 됩니다.

$(2\times3)^2$을 계산하면 2×3의 거듭제곱이므로 $2\times3\times2\times3$을 계산한 것과 같습니다. 똑같은 것을 곱할 때는 거듭제곱을 쓰면 편리하다고 했습니다. 3을 두 번, 2를 두 번 곱한 $2\times3\times2\times3$을 거듭제곱으로 나타내면 $2^2\times3^2$이 됩니다. 이렇게 밑이 2×3과 같이 곱으로 되어 있을 때의 값을 각각을 지수만큼 곱

하는 것과 같습니다.

$(2\times3)^{②}=2^2\times3^2$: 2를 두 번, 3을 두 번 곱합니다.

트라이앵글 소리의 세기를 $(2\times3)^3$배하면 북의 소리의 세기와 같아집니다. $(2\times3)^3$은 2를 세 번, 3을 세 번 곱하는 것과 같으니까 $2^3\times3^3$으로 나타내도 됩니다.

곱으로 된 식의 거듭제곱 : 각각을 거듭제곱하여 구할 수 있습니다.

$$(ab)^n=a^nb^n$$

밑이 곱이 아닌 나눗셈으로 이루어진 식 $\left(\frac{2}{3}\right)^2$도 곱으로 된 식의 거듭제곱처럼 계산할 수 있습니다. 밑 $\frac{2}{3}$이 두 번 곱해졌으므로 거듭제곱하여 분모끼리, 분자끼리 계산하여 거듭제곱으로 나타내면 $\left(\frac{2}{3}\right)^2=\frac{2}{3}\times\frac{2}{3}=\frac{2\times2}{3\times3}=\frac{2^2}{3^2}$입니다. 즉, 나눗셈으로 된 식의 거듭제곱에서도 분모와 분자를 각각 거듭제곱하여 구할 수 있습니다.

나눗셈으로 된 식의 거듭제곱 : 각각을 거듭제곱하여 구할 수 있습니다.

$$\left(\frac{a}{b}\right)^n=\frac{a^n}{b^n}$$

지수의 여러 가지 법칙을 알면 식을 간단하게 나타낼 수 있습니다. 동류항의 계산과 거듭제곱을 이용하여 식을 간단하게 나타내는 것에 익숙해졌나요?

다음 시간에는 식을 간단하게 나타내는 것을 이용하여 숫자의 연산 '3+2', '3−2', '3×2', '3÷2'와 같은 다항식의 덧셈, 뺄셈, 곱셈, 나눗셈을 간단하게 나타내도록 해요!

수업 정리

❶ 같은 문자를 여러 번 곱하는 것을 거듭제곱이라고 합니다.

❷ 거듭제곱에서 여러 번 곱해진 수를 밑, 곱해진 횟수를 지수라고 합니다. 예를 들어 2^4이라고 하면 2를 네 번 곱하였으므로 2를 밑, 4를 지수라고 합니다.

❸ 거듭제곱된 식의 곱셈은 지수의 덧셈으로 구할 수 있습니다.

지수의 덧셈

$$a^m \times a^n = a^{m+n}$$

예를 들어 $2^3 \times 2^4$는 지수 3과 4를 더하여 2^7로 간단하게 나타낼 수 있습니다.

❹ 거듭제곱된 식의 거듭제곱은 지수의 곱으로 구할 수 있습니다.

지수의 곱셈

$$(a^m)^n = a^{mn}$$

수업 정리

예를 들어 $(2^2)^3$은 거듭제곱 2^2을 세 번 곱하는 것이므로 지수 2와 3을 곱한 6을 이용하여 $(2^2)^3=2^{2\times3}=2^6$으로 간단하게 나타낼 수 있습니다.

⑤ 거듭제곱과 거듭제곱의 나눗셈에서 분자와 분모가 곱해진 횟수를 비교하면 많이 곱해진 쪽의 지수가 차이만큼 남습니다. 예를 들어 $5^{10}\div5^4$을 나눗셈 기호를 생략하고 분수로 나타내면 $\frac{5^{10}}{5^4}$입니다. 분자가 분모보다 $10-4=6$번 더 곱해졌으므로 분자에 6번 곱한 것 5^6이 남게 됩니다. 그리고 $5^4\div5^{10}=\frac{5^4}{5^{10}}$은 분모가 분자보다 여섯 번 더 곱해졌으므로 분모에 여섯 번 곱한 5^6이 남아 $\frac{1}{5^6}$이 됩니다.

⑥ 똑같은 거듭제곱으로 된 식의 나눗셈 $a^n\div a^n$은 1이 됩니다.

⑦ 나눗셈으로 된 식의 거듭제곱은 분모와 분자 각각을 거듭제곱하여 구할 수 있습니다.

$$\left(\frac{a}{b}\right)^n=\frac{a^n}{b^n}$$

5교시

다항식 간단하게 나타내기

식의 덧셈과 뺄셈, 곱셈과 나눗셈을 어떻게 할까요?
분배법칙과 동류항 계산을 이용하여 식의 덧셈과 뺄셈,
곱셈과 나눗셈을 해 봅시다.

수업 목표

1. 분배법칙을 이용해 봅니다.
2. 분배법칙을 이용하여 전개한 식의 동류항 계산해 봅니다.
3. 식의 덧셈과 뺄셈, 곱셈과 나눗셈을 해 봅니다 .

미리 알면 좋아요

1. **괄호**括弧는 말이나 글, 숫자 등을 한데 묶기 위하여 사용하는 부호입니다. 수학에서는 식의 계산의 순서를 나타낼 때 사용합니다. 활 모양의 '( )'를 소괄호라고 하여 묶는 범위가 가장 작은 것을 말하고, 사람의 두 팔을 벌려 감싸 안은 모양을 나타내는 '{ }'는 묶는 범위가 중간이기 때문에 중괄호라고, 묶는 범위가 가장 큰 '[ ]'를 대괄호라고 합니다.

2. 두 사각형의 넓이의 합을 구할 때 각각을 따로 구해서 더하는 것과 두 사각형을 붙여서 함께 구하는 것의 넓이는 같습니다. ①번 사각형과 ②번 사각형의 넓이의 합을 구해 봅시다.

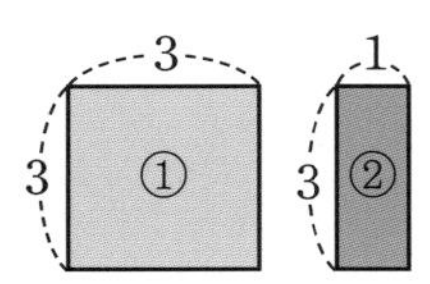

①번 사각형의 넓이＋②번 사각형의 넓이
$=9+3=12$

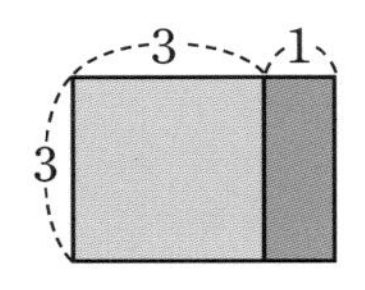

두 사각형의 붙여서 생긴 사각형의 넓이
$=4\times3=12$

즉, (①번 사각형의 넓이)＋(②번 사각형의 넓이)
＝(두 사각형의 붙여서 생긴 사각형의 넓이)입니다.

비에트의
다섯 번째 수업

이제 여러분은 다항식은 동류항끼리 계산하여 식을 간단하게 나타내고, 거듭제곱으로 나타내어진 식은 지수의 법칙으로 식을 간단하게 나타낼 수 있죠? 이번 시간에는 이것을 이용하여 식의 덧셈과 뺄셈, 곱셈과 나눗셈을 배워 봅시다. 우선 지난 시간까지 배운 것을 확인해 봅시다.

비에트가 칠판에 문제를 썼습니다.

① $x^2y \times x^5y^2$ ② $\frac{a^3b^2}{ab}$ ③ $3x+5y-2x+4y$

자, ①번 문제부터 봅시다. x와 y가 몇 번 곱해졌나요?

"x는 일곱 번이요!"

"y는 세 번이요!"

네, 맞습니다. x^2은 x가 두 번이고 x^5는 x가 다섯 번이므로 일곱 번 곱해졌고, y는 한 번 y^2은 y가 두 번이므로 세 번 곱해졌습니다. 지난 시간에 배운 지수 법칙을 사용하면 $x^2y \times x^5y^2$를 간단하게 x^7y^3으로 나타낼 수 있습니다.

이번에는 ②번. 분모 분자를 약분해 보세요. 그러면 a는 분자와 분모 중 어디에 더 많이 곱해졌나요?

"a는 분자에 두 번 더 곱해졌어요."

b는?

"b는 분자에 한 번 더 곱해졌어요."

거듭제곱의 나눗셈에서 분자와 분모의 곱해진 횟수를 비교한 후 약분하면 많이 곱해진 쪽에 차이만큼 남는다고 했죠? a가 분자에 두 번, b가 분자에 한 번 남으니까 a^2b가 됩니다.

이제 마지막 ③번.

이 식을 간단하게 하려면 무엇을 찾아야 할까요?

"동류항이요."

네, 같은 종류의 문자와 똑같은 차수를 가진 동류항을 찾아보면 $3x$와 $2x$, $5y$와 $4y$입니다. 동류항끼리는 그 앞의 계수를 계산하면 식을 간단하게 할 수 있으므로 $3x-2x=x$, $5y+4y=9y$입니다.

이 세 문제를 자신 있게 풀 수 있나요?

학생들은 큰 소리로 "네!"라고 대답합니다.

이 세 문제를 잘 풀 수 있는 학생은 이번 시간에 식의 계산을 아주 잘할 수 있어요. 여러분 모두가 큰 소리로 대답한 것을 보니 정말 잘할 수 있을 것 같네요. 자, 그럼 이것을 봅시다.

비에트가 색종이를 꺼내 들었습니다.

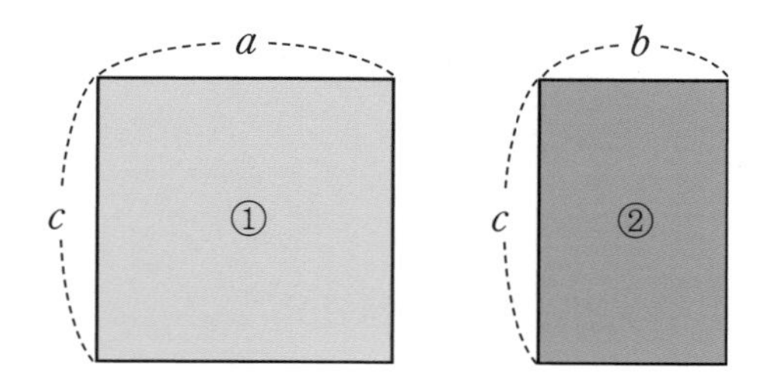

두 색종이의 넓이의 합은 얼마일까요?

"①번 색종이가 ac이고 ②번 색종이가 bc이니까 더하면 돼요!"

"$ac+bc$요!"

네, 맞습니다. 그럼 두 색종이의 합을 구하기 위해 두 색종이를 붙여 봅시다.

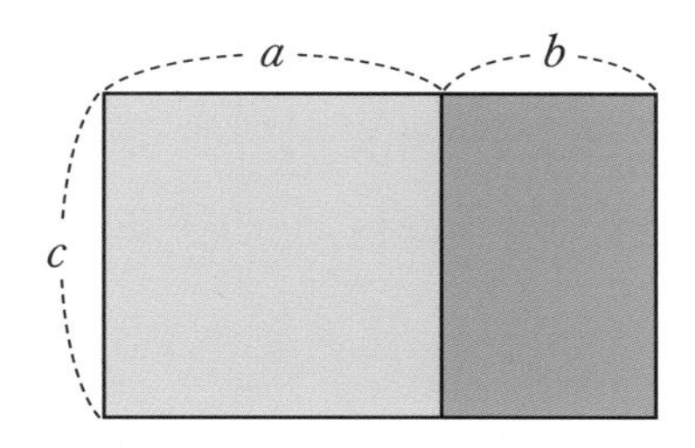

직사각형의 넓이는 (가로)×(세로)로 구하니까 두 색종이를 붙인 색종이의 가로와 세로의 길이를 구해 보면 가로의 길이가 $a+b$이고 세로의 길이가 c입니다. 그럼 붙여진 색종이의 넓이를 구하면 얼마일까요?

"$(a+b)c$입니다."

잘 구했어요. 그런데 ①번 색종이와 ②번 색종이의 넓이를 각각 구한 후 더한 것과 색종이를 붙인 후 넓이를 구한 것은 같은 것이죠?

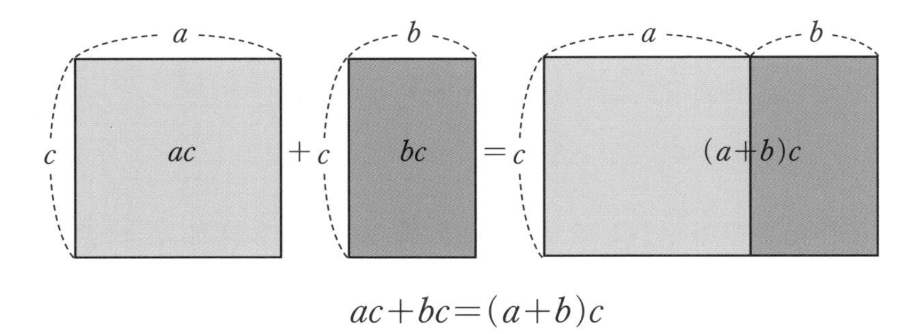

$$ac+bc=(a+b)c$$

식 $(a+b)c$는 문자 $a+b$와 c 사이에 곱셈 기호 '×'가 생략되어 있으니까 우선 괄호 안의 $a+b$를 구한 후 c를 곱하는 것입니다.

그런데 괄호 안에 a와 b를 각각 c와 곱한 후 더해서 구한 $ac+bc$와 같죠? $a+b$에 곱하기 c를 각각 a와 b에 분배해서 곱해도 그 값이 같습니다. 이것을 분배법칙이라고 합니다.

곱하기 c를 각각 a와 b에 분배합니다.

분배법칙 : $ac+bc=(a+b)c$

c가 뒤에 곱해져 있을 때 분배를 하는 것과 같이 c가 앞에 곱하여진 식 $c(a+b)$에서도 c를 a와 b에 분배하여 곱할 수 있습니다.

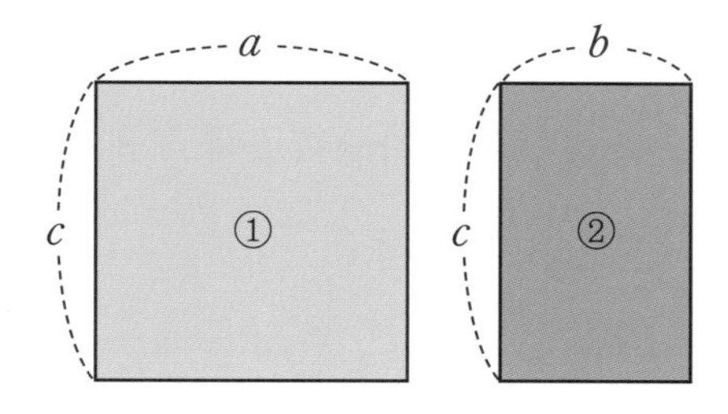

이번에는 두 색종이의 넓이의 차를 구해볼 거예요. ①번 색종이 ac에서 ②번 색종이 bc를 빼면 $ac-bc$입니다. 직접 색종이를 빼 봅시다.

비에트가 ①번 색종이를 ②번 색종이 크기만큼 잘랐습니다.

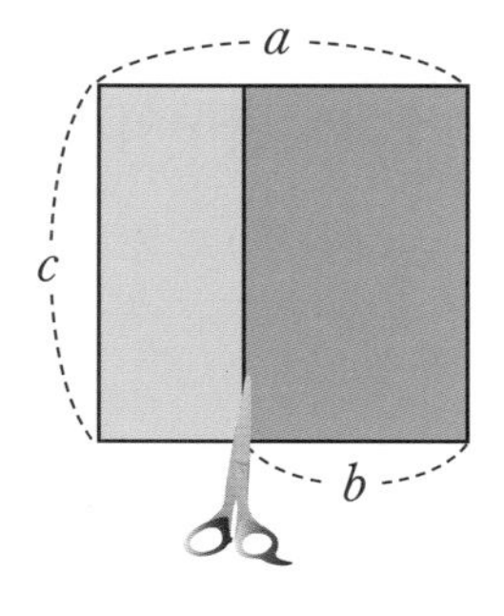

남아 있는 색종이의 가로 길이는 $a-b$, 세로의 길이는 c이므로 넓이를 구하면 $(a-b)c$죠? 이것은 ①번 색종이에서 ②번

색종이의 넓이를 뺀 $ac-bc$와 같습니다. 두 색종이의 합을 구할 때와 마찬가지로 $a-b$에 곱하기 c를 각각 a와 b에 분배합니다. 이때 가운데 뺄셈부호 '$-$'는 그대로 있어요.

곱하기 c를 각각 a와 b에 분배합니다.

분배법칙 : $ac-bc=(a-b)ⓒ$

그럼 분배법칙을 잘 이해하는지 확인해 봅시다.

$$3(a+5)-(4a+10)\div 2$$

$(a+5)$에 3이 곱해 있으므로 분배법칙을 이용하면 a와 5에 각각 3을 곱하므로 $3a+15$입니다. $4a+10$에 2가 나누어져 있으므로 분배법칙을 이용하여 나누면 $4a\div 2=2a$, $10\div 2=5$이므로 $2a+5$입니다. 이제 식을 간단하게 해 볼까요?

$3a+15$에서 $2a+5$를 빼면 되니까 동류항끼리 계산을 하면 됩니다. $3a+15-(2a+5)$에서 동류항을 찾아보면 $3a$와 $2a$, 15와 5입니다. $3a$에서 $2a$를 빼면 $(3-2)a=1a=a$이고 15에

서 5를 빼면 10이므로 계산하면 $a+10$입니다.

$$3a+15-(2a+5)=(3a-2a)+(15-5)=a+10$$

$3(a+5)-(4a+10)\div2$가 분배법칙과 동류항 계산을 하니까 간단하게 $a+10$이 되었습니다.

괄호가 복잡하게 많이 있는 식도 분배법칙을 이용하면 간단하게 나타낼 수 있습니다.

$$2[9+5x^2+2\{15x+2x^2+4(1-3x)\}]$$

괄호는 다음과 같은 순서로 풀어야 합니다.

소괄호 ( ) ➡ 중괄호 { } ➡ 대괄호 [ ]

괄호를 계산하면서 동류항끼리 간단하게 나타내는 것도 잊으면 안 돼요!

그럼 괄호 순서대로 풀어 볼까요?

우선 소괄호부터 계산해 봅시다.

4를 분배하고 동류항을 계산합니다.

$$2[9+5x^2+2\{15x+2x^2+\underbrace{4(1-3x)}_{\text{분배}}\}]$$
$$=2[9+5x^2+2\{\underline{15x}+2x^2+4-\underline{12x}\}]$$
동류항

4분배 : $4(1-3x)=4\times1-4\times3x=4-12x$

동류항 : $15x-12x=3x$

이제 식이 $2[9+5x^2+2\{3x+2x^2+4\}]$로 조금 더 간단해졌죠?

이번에는 중괄호입니다.

2를 $3x+2x^2+4$의 항 $3x$, $2x^2$, 4에 각각 분배한 $6x+4x^2+8$과 동류항 계산을 하면 되요.

동류항

$$2[9+5x^2+2\{3x+2x^2+4\}]=2[\underline{9}+\underline{5x^2}+6x+\underline{4x^2}+\underline{8}]$$
동류항

$$=2[9x^2+6x+17]$$

동류항 : $9+8=17$, $5x^2+4x^2=9x^2$

이제 대괄호만 남았습니다. 마지막으로 대괄호의 2를 분배하면 다음과 같습니다.

$$2[9x^2+6x+17]=18x^2+12x+34$$

이렇게 복잡한 식 $2[9+5x^2+2\{15x+2x^2+4(1-3)x\}]$를 소괄호 ➡ 중괄호 ➡ 대괄호 순으로 정리하면 $18x^2+12x+34$로 간단해집니다.

분배법칙을 이용하면 단항식과 다항식의 곱셈과 나눗셈도 할 수 있습니다. $3(x-5)$과 $-2(3x+1)$의 괄호에 곱하여진 숫자 3과 -2를 분배하듯이 $2x(x+3)$에서 괄호 앞의 단항식 $2x$도 분배할 수 있어요.

$$2x(x+3)=2x\times x+2x\times 3$$

$2x\times x$에서 같은 문자 x가 두 번 곱해졌으니까 거듭제곱으로 나타내면 $2x^2$입니다. $2x\times 3$도 $2\times x\times 3$과 같으니까 2와 3의 곱 6을 계산하면 $2x\times 3=6x$입니다.

$$2x(x+3)=2x^2+6x$$

나눗셈도 똑같이 분배하면 돼요. $(x^2y+3x^2y^2-4xy^2)\div xy$는 $\div xy$를 분배하면 됩니다.

$$(x^2y+3x^2y^2-4xy^2)\div xy=x^2y\div xy+3x^2y^2\div xy-4xy^2\div xy$$

첫 시간에 나눗셈을 분수로 나타내면 약분할 수 있는 경우도 있어 식이 더 간단하게 된다고 했어요. 나눗셈을 분수로 나타내면 $\frac{x^2y}{xy}+\frac{3x^2y^2}{xy}-\frac{4xy^2}{xy}$ 약분하면 $x+3xy-4y$입니다.

이번 시간에는 분배법칙과 동류항 계산을 이용하여 식의 덧셈, 뺄셈, 곱셈, 나눗셈을 해 보았습니다. 괄호 순으로 분배하고 동류항 계산을 하면 됩니다.

직사각형의 넓이는 (가로)×(세로)로 구할 수 있죠? 이렇게 넓이 구하는 공식처럼 다항식과 다항식의 곱셈을 나타내는 공식이 있어요. 다음 시간에는 그 공식들을 배워 봅시다.

수업 정리

❶ 각자의 몫을 나누어준다는 분배라고 합니다. 세 수 a, b, c에 대하여 a를 각 항 b와 c에 분배한 $a(b-c)=ab-ac$를 분배법칙이라고 합니다.

❷ 숫자를 묶기 위해 사용하는 괄호는 계산의 순서를 나타냅니다. 계산할 때는 다음 순서대로 합니다.

소괄호 ( ) ➡ 중괄호 { } ➡ 대괄호 [ ]

6교시

곱셈공식

다항식의 곱셈에는 일정한 공식이 있습니다.
곱셈공식을 알아봅시다.

수업 목표

1. 전개의 뜻을 알아봅니다.
2. 두 다항식의 곱셈을 해 봅니다.

미리 알면 좋아요

1. **수직선** 일정한 간격으로 숫자가 표시되어 있는 직선을 말합니다. 수직선을 나타내는 한자 數直線수직선에서 보면 直線직선, 곧은 선에 數수, 숫자를 나타냈다는 뜻입니다. 가운데 기준이 되는 것을 원점이라고 하며 O로 나타냅니다. 그리고 양쪽의 화살표는 선이 끝없이 이어지는 것을 나타냅니다.

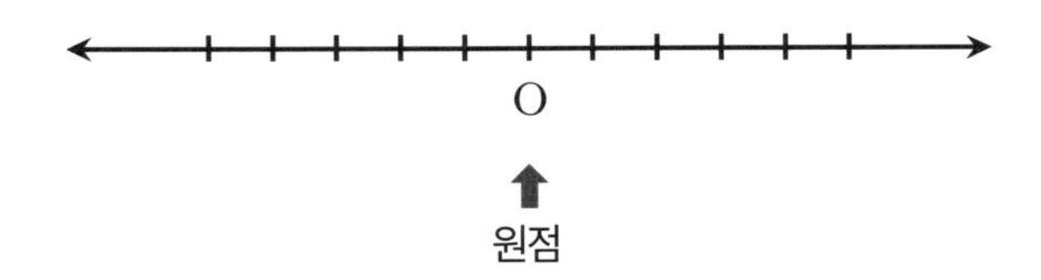

2. **정사각형** 네 개의 각이 직각이고 네 변의 크기가 같은 사각형을 말합니다. 네 변의 길이가 같으므로 한 변의 길이를 a라고 하면 가로와 세로의 길이가 모두 a이므로 식으로 표현하면 다음과 같습니다.

$$(\text{정사각형의 넓이})=a\times a=a^2$$

비에트의 여섯 번째 수업

지금까지 문자를 사용하여 나타낸 식의 덧셈, 뺄셈, 곱셈, 나눗셈을 간단하게 나타내는 것을 배웠습니다. 오늘은 우리가 건축가라면 지금까지 배운 다항식을 어떻게 사용할 수 있는지 알아봅시다. 우선 이 사진을 보세요.

© Wikipedia.org

예술의전당

앞의 사진은 예술의전당입니다. 이곳은 우리의 문화적 주체성을 확립하고 한국문화예술을 발전시키기 위하여 음악관·미술관·자료관·교육관 등에서 예술 문화 공연을 볼 수 있고 배울 수 있는 공간입니다. 지금 보고 있는 곳이 예술의전당 중심인 축제극장으로 한국을 상징하는 선비의 갓 모양으로 만들어졌어요.

이곳에서는 뮤지컬, 독주회 등의 공연이 많이 이루어지기 때문에 오페라하우스, 음악관, 박물관이 있어요. 그리고 음악관이라도 공연의 크기나 관객의 수를 생각해서 음악당, 콘서트홀, 리사이트홀 등 다양한 크기의 공연장이 있어요. 여러분이 이런 예술 문화 공연장을 만드는 건축가가 되었다면 지금까지 배운 식의 계산을 이용하여 공연장의 크기와 공연을 볼 사람들을 위한 좌석의 수를 생각해야겠죠? 자, 그럼 장소의 크기도 생각해 보고 필요한 좌석도 몇 개인지 구해 보도록 합시다.

공연장에서 가로의 좌석 수가 10개이고 세로의 좌석 수가 8개라면 전체의 좌석 수는 $10 \times 8 = 80$개입니다.

여러분이 건축가가 되어 공연장에 들어갈 좌석의 수를 가로의 좌석의 수$=a$, 세로의 좌석의 수$=c$라고 생각한다면 전체 좌석의 수는 ac가 됩니다.

비에트가 포스터를 꺼내 들었습니다.

〈맘마미아!〉

이것은 뮤지컬 〈맘마미아!〉의 포스터입니다. 유명한 음악 그룹인 ABBA의 22개의 음악을 하나의 줄거리로 만든 뮤지컬입니다. 엄마와 딸의 가족애를 그리는 줄거리와 서로 다른 22개의 음악이 너무나도 잘 어울려 즐겁게 뮤지컬을 감상할 수 있어요. 영국 극작가상을 수상한 경력이 있는 캐서린 존슨Catherine Johnson이 극본을 쓰고 1999년 런던에서 처음 공연하여 박스 오피스 기록을 연일 갱신하며 입석까지 매진되었던 유명한 뮤지컬입니다. 〈오페라의 유령〉, 〈레 미제라블〉의 뒤를 잇는 히트작으로 평가받고 있으며 뉴욕, 독일, 캐나다, 한국 등 전 세계 극장가에서 인기리에 공연 중입니다.

좌석이 ac개인 공연장보다 더 큰 공연장을 만들기 위해 가로의 좌석 수를 b개만큼, 세로의 좌석 수를 d개만큼 늘리려고 해요. 가로세로의 좌석의 수를 늘려서 만든 공연장의 전체 좌석 수는 얼마일까요?

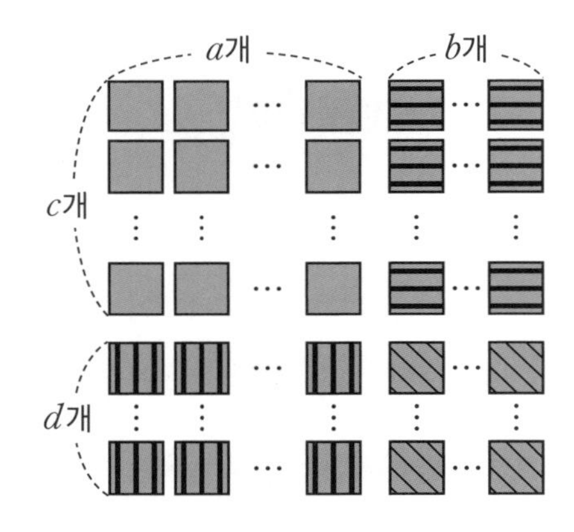

"$(a+b)(c+d)$입니다."

그렇죠, 가로가 $a+b$개이고 세로가 $c+d$개이므로 $(a+b)(c+d)$입니다.

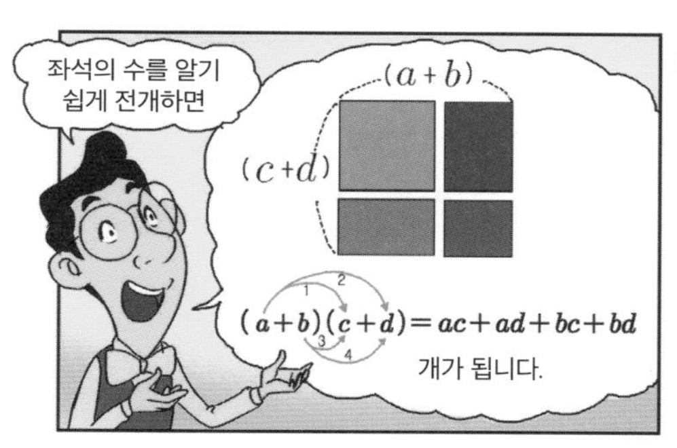

지난 시간에 $3x(x+5)$에서 $3x$를 분배법칙을 사용하여 계산하면 $3x^2$과 $15x$의 합인 $3x^2+15x$가 되었습니다.

$$3x(x+5)=3x^2+15x$$

이렇게 분배법칙을 사용하여 단항식들의 합으로 나타내는 것을 전개한다고 합니다. 우리가 구한 $(a+b)(c+d)$개의 좌석도 분배법칙을 이용하여 전개할 수 있습니다.

가로와 세로가 b개, d개 늘어나면서 생긴 세 개의 무늬 ▤▥▧의 좌석을 생각하며 다항식 $a+b$와 $c+d$의 곱인 $(a+b)(c+d)$개의 좌석도 분배법칙으로 전개해 봅시다.

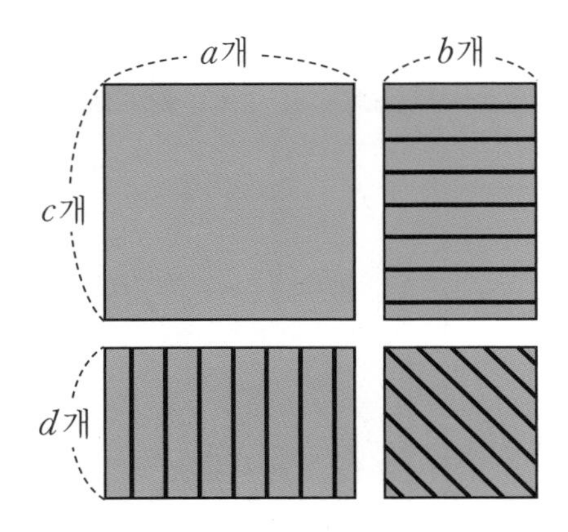

■의 좌석의 수 : 가로가 a개, 세로가 c개이므로 ac개입니다.

곱하기

$$(a+b)(c+d)$$

▥의 좌석의 수 : 가로가 a개, 세로가 d개이므로 ad개입니다.

곱하기

$$(a+b)(c+d)$$

▤의 좌석의 수 : 가로가 b개, 세로가 c개이므로 bc개입니다.

곱하기

$$(a+b)(c+d)$$

▧의 좌석의 수 : 가로가 b개, 세로가 d개이므로 bd개입니다.

곱하기

$$(a+b)(c+d)$$

전체 좌석의 수$=ac+ad+bc+bd$

$$(a+b)(c+d)$$

전체 좌석을 구하는 것을 다시 볼까요?

전체 좌석의 수를 구할 때 가로 좌석의 수가 a인 ■ ▥ 의 좌석의 수는 a를 전개 $(a+b)(c+d)$ 하여 구하는 것과 같습니다.

마찬가지로 가로 좌석의 수가 b인 의 좌석의 수는 b를 전개 $(a+b)(c+d)$ 하여 구하는 것입니다.

즉, 다항식과 다항식의 곱을 전개할 때는 항 a를 $c+d$에 전개하고 항 b를 $c+d$에 전개하는 것입니다. 네 개의 사각형 이 생긴 것처럼 $(a+b)(c+d)$를 전개하면 ①, ②, ③, ④를 전개해서 네 개의 항이 생깁니다.

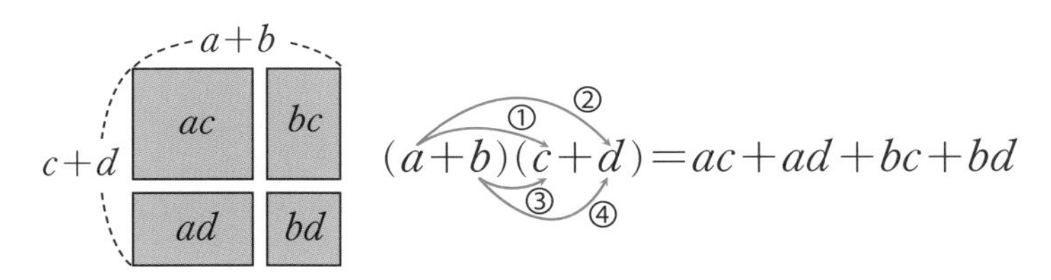

곱셈공식

이번에 여러분이 지어야 하는 공연장 벽면에 공연 포스터를 걸어 놓을 곳을 지으려고 합니다. 현재 공연 포스터가 걸려 있는 벽면의 크기는 가로와 세로의 크기가 같습니다. 공연 포스터를 직사각형 모양으로 하기 위해 가로와 세로의 크기를 조절한다면 새로 지은 포스터 걸어 놓는 벽면의 크기는 얼마나 될까요?

가로와 세로의 크기를 모르니까 x라고 합시다.

현재 공연 포스터 벽면의 크기 : 가로×세로$=x\times x=x^2$

가로의 길이를 a, 세로의 길이를 b만큼 조절한 새 공연 포스터 벽면의 크기를 구해 봅시다.

새 공연 포스터 벽면의 넓이

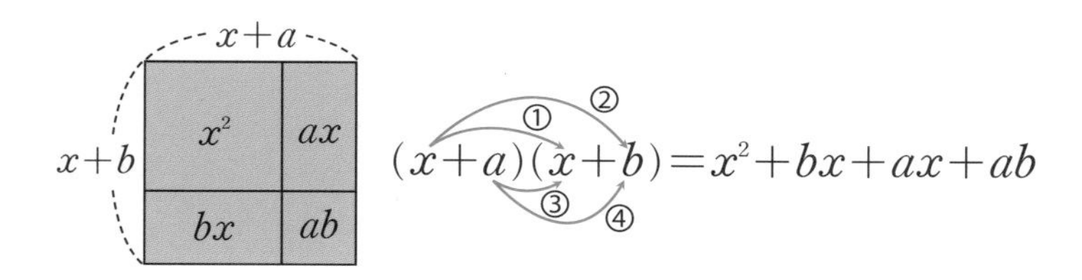

$(x+a)(x+b)$를 전개하면 네 개의 항이 생겨서 $x^2+bx+ax+ab$가 됩니다. 전개하여 구한 새 공연 포스터의 벽면 크기 $x^2+bx+ax+ab$에서 동류항을 계산하면 식을 더 간단하게 나타낼 수 있습니다. 동류항 bx과 ax를 계산하면 $(b+a)x$이고 $(b+a)$를 알파벳순으로 써서 나타내면 $(a+b)$이므로 새 공연 포스터의 벽면 크기는 $x^2+(a+b)x+ab$입니다. 다항식의 곱 $(x+a)(x+b)$을 전개하면 $x^2+(a+b)x+ab$가 나오죠? 다항식과 다항식의 곱의 특별한 유형을 곱셈공식이라고 합니다.

곱셈공식 ①

$$(x+a)(x+b)=x^2+(a+b)x+ab$$

이 공식을 알면 가로세로를 얼마나 늘리는지에 따라 변화되는 양을 구하기가 쉬워집니다. 한 변의 크기가 x인 정사각형의 가로의 길이를 1, 세로의 길이를 2만큼 늘렸다면 $a=1, b=2$를 곱셈공식에 대입하여 $(x+1)(x+2)=x^2+(1+2)x+1\times2$이므로 x^2+3x+2가 됩니다.

자, 이제 공연자의 벽면을 꾸며 볼까요? 공연장의 소리가 밖에 들리지 않게 하기 위해서 소리를 흡수하는 성질이 있는 방음재를 붙이려고 합니다. 공연장의 벽이 넓이가 x인 정사각형이므로 정사각형의 방음재를 붙이는 것이 편리하다고 생각되었습니다. 그래서 크기가 a인 정사각형의 방음재를 붙이려고 해요.

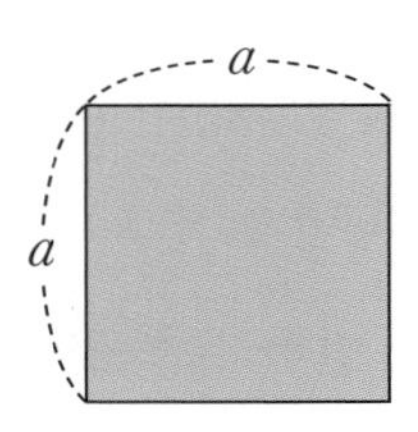

그럼 이 방음재를 벽면에 몇 개 붙여야 하는지 알아야 방음재 회사에 주문할 수 있겠죠? 넓이가 36인 벽에 넓이가 4인 타일을 붙이면 $36 \div 4 = 9$개의 타일이 필요하니까 공연장에 필요한 방음재의 개수는 $x \div a^2$, 즉 $\frac{x}{a^2}$개입니다. 그런데 직접 개수를 구하니까 123.5개가 나왔어요. 123개이면 부족하고 124개면 0.5개가 남으니까 개수를 딱 맞게 하려고 방음제의 넓이를 조금 변형해 보려고 합니다.

자, 이것은 한 변의 크기가 a인 정사각형의 가로와 세로의 길이를 b만큼 크게 해 봅시다.

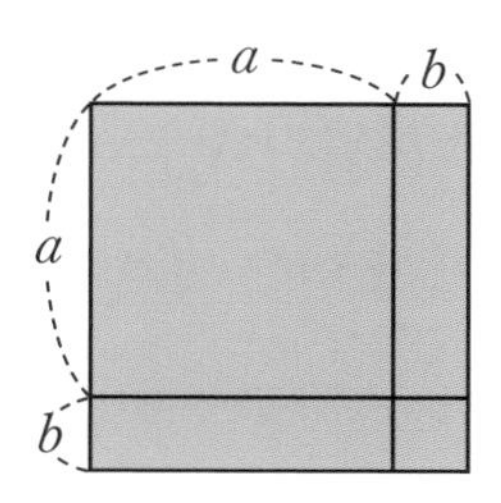

한 변의 크기가 $a+b$인 이 방음재의 넓이는 $(a+b)^2$입니다. 이 방음제의 넓이는 네 개의 사각형 , , , 의 합으로 구할 수 있습니다.

의 넓이= + + + 의 넓이

사각형	가로의 길이	세로의 길이	넓이
	a	a	a^2
	b	a	ab
	a	b	ab
	b	b	b^2

$$(a+b)^2=a^2+ab+ab+b^2$$

ab 동류항을 계산하면 $ab+ab=2ab$이므로

$(a+b)^2= a^2+2ab+b^2$입니다.

$a+b$를 제곱하여 전개한 식은 언제나 $a^2+2ab+b^2$가 됩니다.

곱셈공식 ❷

$$(a+b)^2=a^2+2ab+b^2$$

자, 그럼 한 변의 크기가 a인 방음제의 가로와 세로를 3cm 씩 늘렸다면 새로운 방음제의 넓이는 $(a+b)^2=a^2+2ab+b^2$

에 $b=3$을 대입하여 구할 수 있겠죠?

$$(a+3)^2=a^2+2\times a\times 3+3^2=a^2+6a+9$$

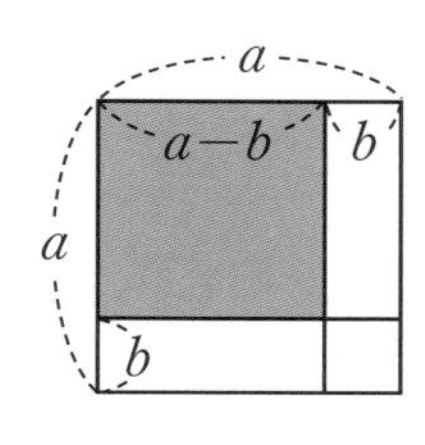

이번에는 한 변의 크기가 a인 방음재 ■의 가로와 세로의 길이를 모두 b만큼 줄여볼까요? 그러면 한 변의 길이가 $a-b$인 정사각형 모양의 방음재 ■가 됩니다.

방음재 ■의 넓이는 ■에서 사각형 ▯, ▭, □의 넓이를 빼서 구할 수 있습니다.

사각형	가로의 길이	세로의 길이	넓이
■	a	a	a^2
▯	b	$a-b$	$b(a-b)=ab-b^2$
▭	$a-b$	b	$(a-b)b=ab-b^2$
□	b	b	b^2

⊞의 ■넓이 = ■ − ▯ − ▭ − □의 넓이

$$(a-b)^2=a^2-(ab-b^2)-(ab-b^2)-b^2$$
$$=a^2-ab-(-b^2)-ab-(-b^2)-b^2$$

아이들은 $-(ab-b^2)$의 식에서 $-b^2$을 어떻게 빼야 할지 고개를 갸우뚱거렸습니다.

엘리베이터를 보면 1층을 나타내는 1, 2층을 나타내는 2 그리고 지하 1층을 나타내는 -1을 본 적이 있죠? 1층, 2층과 같이 우리가 쓰는 1, 2, 3을 양수라고 하고, 지하 1층의 -1, 지하 2층의 -2와 같은 것을 음수라고 합니다. 양수는 양의 부호인 '$+$'를 사용하여 나타내거나 생략해서 나타내고 음수는 음의 부호인 '$-$'를 사용하여 나타냅니다. 이것을 수직선에 나타내면 원점 O을 기준으로 오른쪽을 양수, 왼쪽을 음수라고 해요. 즉, 음수는 양수의 반대 방향에 있습니다. 숫자 1, 2, 3, ……은 원점 O에서 떨어진 칸의 수를 말합니다. 즉, -4는 원점 O의 왼쪽 이므로 음수이고 네 칸 떨어져 있다는 것입니다.

식 $a^2-ab-(-b^2)-ab-(-b^2)-b^2$에서 $-(-b^2)$은 $-b^2$ 앞에 1이 생략되어 $(-1)\times(-b^2)$과 같습니다. 양수와 양수의 곱 $2\times2=4$ 즉 양의 방향입니다. 음수는 양수의 반대 방향이므로 음수를 두 개 곱한 $(-1)\times(-b^2)$는 양수의 반대의 반대 방향이므로 원래 방향이 됩니다. 즉, 음수와 음수의 곱은 양수가 됩니다.

$$\overbrace{(-\underbrace{1)\times(-}_{+}b^2}^{1\times b^2})=+b^2$$

여러분이 가지고 있는 용돈 1000원을 가지고 떡볶이를 사 먹으려고 하는데 가격이 올라 1500원이 되었다면 엄마에게 500원을 더 달라고 해야겠죠? 이럴 때 원래 가지고 있던 돈인 1000원이 자산이고 엄마에게 달라고 해야 하는 돈 500원을 부채로 생각합니다. 이때 자산 1000을 양수, 부채 500을 음수라고 할 수 있습니다. 음수의 개념이 처음으로 인도에서 사용되어 유럽 등에도 점점 퍼지게 됩니다.

음수라는 개념과 음수의 곱을 계산하는 것이 어렵죠? 인도에서 처음 사용하긴 했지만 그 개념이 어려워서 많은 사람이 음수를 사용하는 것을 꺼려 했고 위대한 사상가인 파스칼도 이해하지 못했습니다. 그래서 영하 5°를 −5처럼 나타내는 온도계에서도 음수의 사용을 피하기 위해 노력하였습니다. 실험실에서 얻을 수 있는 기온 중 가장 낮은 온도를 화씨 0°가 되게 하여 영하의 기온으로 읽는 경우가 나오지 않게 했지요. 그러나 우리는 오히려 화씨 온도계보다 섭씨 온도계와 친하고 일상생활에서 더 많이 사용하고 있습니다. 이처럼 여러분도 점차 음수와 친해질 수 있을 거예요.

한 변의 길이가 $a-b$인 방음재의 넓이를 다시 구해 볼까요?

$$(a-b)^2=a^2-ab-(-b^2)-ab-(-b^2)-b^2$$
$$=a^2-ab+b^2-ab+b^2-b^2$$

동류항 $-ab$와 $-ab$를 계산하면 $-2ab$이고 b^2, b^2, $-b^2$을 계산하면 b^2으로 간단하게 나타낼 수 있습니다.

즉, $(a-b)^2=a^2-2ab+b^2$이 됩니다.

$(a-b)^2=(a-b)(a-b)$는 전개한 $a^2-ab-ab+b^2=a^2-2ab+b^2$와 같죠? 다항식 $a-b$와 $a-b$의 곱은 언제나 $a^2-2ab+b^2$이 됩니다.

곱셈공식 ❸

$$(a-b)^2=a^2-2ab+b^2$$

공연장 건물과 벽을 꾸몄으니까 이제 무대를 꾸며 봅시다. 직사각형 모양으로 나무 무늬인 바닥재를 이용하여 꾸미려고 해요. 가로의 길이가 $a+b$, 세로의 길이가 $a-b$인 바닥재 ▭를 사용하여 바닥을 꾸민다면 얼마나 필요한지 계산해야겠죠? 아 바닥재의 넓이는 $(a+b)(a-b)$이므로 무대 바닥의 크기를 바닥재의 넓이로 나누면 됩니다.

그러면 바닥재의 넓이 $(a+b)(a-b)$는 전개하면 어떻게 될까요?

바닥재에서 사각형 P의 넓이와 사각형 Q의 넓이가 ab로 같으니까 사각형 ▭의 넓이는 사각형 P를 Q 위치에 놓은 사각형의 넓이를 구하는 것과 같습니다.

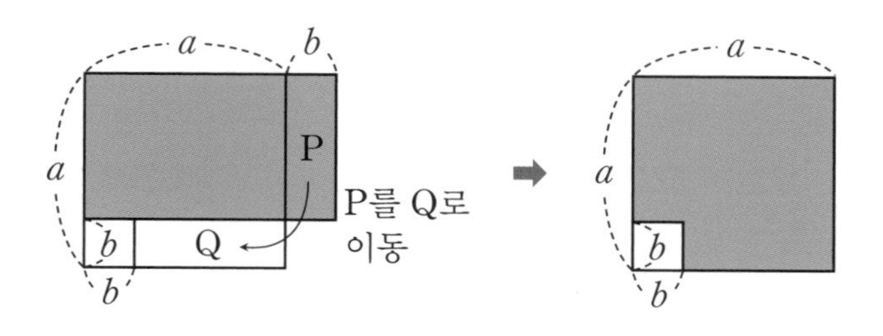

자, 퀴즈! 이 사각형 의 넓이는 어떻게 구할까요?

"큰 정사각형에서 작은 정사각형을 빼요~."

네, 정말 도형을 잘 보는군요. 여러분이 말한 것과 같이 이 사각형의 넓이는 한 변의 크기가 a인 정사각형에서 한 변의 크기가 b인 정사각형의 넓이를 빼서 구할 수 있으니까 바닥재의 넓이 $(a+b)(a-b)$는 a^2-b^2과 같습니다.

직접 전개해서 확인할 수도 있어요.

$$(a+b)(a-b)=a^2-ab+ab-b^2$$

전개하면 동류항 ab를 계산할 수 있으므로 a^2-b^2이 나온답니다.

곱셈공식 ④

$$(a+b)(a-b)=a^2-b^2$$

두 다항식의 곱 $(a+b)(a-b)$에서 두 다항식이 가운데 덧셈, 뺄셈의 기호만 다르죠? 그래서 이 공식을 합·차 공식이라고도 합니다.

자, 그럼 다른 건축물도 지어 볼까요? 리모델링이 무엇인지 알고 있나요?

"건물이 다시 짓는 거요!"

"방을 다시 꾸미는 거요!"

네, 맞습니다. 기존의 낡고 불편한 건축물을 크게 늘리거나, 다시 짓거나 수리하여 더 편리하고 실내도 아늑하고 편안하게 꾸미는 것입니다. 그럼 이번에는 영화관 리모델링을 맡은 건축가가 되어 볼까요?

오래된 영화관은 좌석이 좁고 줄과 줄 사이가 좁아서 키가 큰 사람이 앉기에는 불편했습니다. 그래서 새로운 분위기로 바꾸면서 좌석의 크기를 가로세로로 늘려 편안한 감상을 할 수 있는 영화관을 만들기 위해 리모델링을 하려고 합니다. 예전의 한 좌석의 크기입니다.

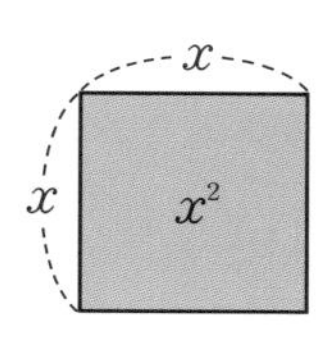

리모델링을 하면서 좌석의 크기를 현재 가로의 크기 x보다 a배로, 세로의 크기 x보다 c배만큼 늘리고 영화관 의자의 팔걸이에 음료수를 놓는 부분을 만들기 위해 가로의 길이를 b만큼 크게 하려고 합니다. 무릎이 앞에 의자와 닿지 않고 편하게 하기 위해서 세로의 길이도 d만큼 크게 하고요. 그러면 좌석 한 개의 크기는 어떻게 될까요?

가로의 크기가 $ax+b$, 세로의 크기가 $cx+d$이므로 좌석 한 개의 크기 $(ax+b)(cx+d)$를 전개하여 구하면 네 개의 항이 생기죠?

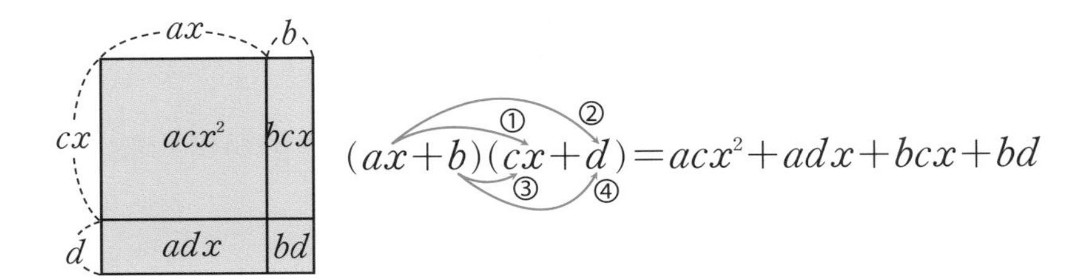

전개하여 구한 $acx^2+adx+bcx+bd$에서 동류항을 계산하여 식을 더 간단하게 나타낼 수 있죠? 동류항 adx와 bcx에서 x의 계수 ad와 bc를 계산하면 $(ad+bc)x$입니다. 다항식의 곱 $(ax+b)(cx+d)$를 전개한 것을 특별히 곱셈공식이라고 합니다.

곱셈공식 ⑤

$$(ax+b)(cx+d)=acx^2+(ad+bc)x+bd$$

여러분이 건축가가 되어 공연장의 크기나 벽면, 좌석의 크기, 방음재와 바닥재의 넓이를 구해 보았습니다. 그리고 다항식과 다항식의 곱으로 구한 넓이를 전개하여 나타내 보기도 했어요. 다항식과 다항식의 곱에서 전개를 하여 동류항을 계산하면 간단한 식으로 나타낼 수 있기 때문에 특별히 5가지 경우를 곱셈공식이라고 해서 많이 사용합니다. 전개를 하여 구할 수도 있지만 많이 사용하기 때문에 구구단처럼 외워 두는 것도 편리하답니다. 자, 이제 문자를 사용하여 식을 나타내고 덧셈, 뺄셈, 곱셈, 나눗셈도 간단하게 나타내는 방법을 다 배웠어요. 다음 시간에는 이런 문자들을 누가 만들었는지, 어떻게 만들어졌는지 알아보도록 합시다. 다음 시간에 봐요~.

수업 정리

❶ 원점 O를 기준으로 오른쪽에 있는 수를 양수, 왼쪽에 있는 수를 음수라고 합니다.

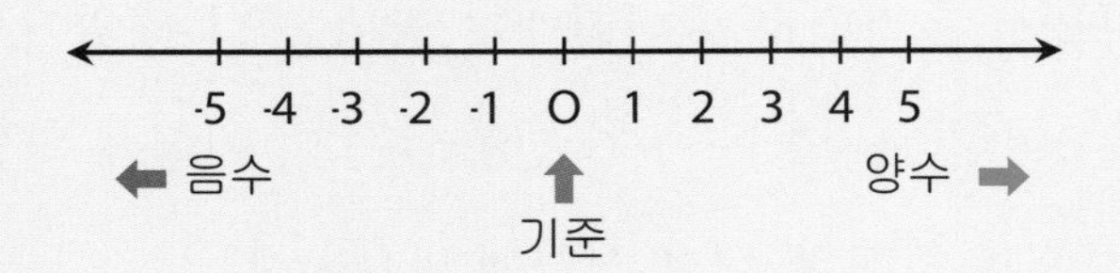

양수와 양수의 곱은 양수이고 음수와 음수의 곱도 양수가 됩니다.

❷ 다항식과 다항식의 곱셈을 분배법칙을 사용하여 단항식들의 합으로 나타내는 것을 전개한다고 합니다. 예를 들어 두 다항식의 곱 $(a+b)(c+d)$를 전개하여 $ac+ad+bc+bd$로 나타내는 것입니다.

❸ 다항식의 곱셈 중 특별한 경우를 곱셈공식이라고 합니다. 다섯 가지 곱셈공식을 외워 두면 다항식의 곱셈을 계산할 때 편리합니다.

- $(x+a)(x+b)=x^2+(a+b)x+ab$
- $(a+b)^2=a^2+2ab+b^2$

- $(a-b)^2=a^2-2ab+b^2$
- $(a+b)(a-b)=a^2-b^2$
- $(ax+b)(cx+d)=acx^2+(ad+bc)x+bd$

7교시

문자 사용의 역사

문자와 기호를 사용하여 식을 나타내는 방법은
어떻게 생겨났을까요?
=, -, ×, ÷와 같은 기호와 x, y 등의 문자 사용의
역사를 알아봅시다.

수업 목표

1. 식에 사용하는 문자와 기호의 역사를 알아봅니다.
2. 현재 쓰고 있는 기호를 발견한 수학자를 알아봅니다.

미리 알면 좋아요

1. **대수학**代數學, algebra 대수학은 영어로 algebra라고 합니다. aljabr라는 아라비아어에서 유래한 것으로 $2\times\square+1=7$을 나타낸 식 '$2x+1=7$'을 풀기 위한 방법을 말합니다. 우리나라에서는 수 대신에 문자를 써서 문제를 쉽게 풀고 간단하게 나타내는 수학의 한 분야를 말합니다.

2. **기하학**幾何學, geometry 도형의 길이, 넓이, 각도 등의 양을 측정하거나 공간에 대한 것을 나타내는 수학입니다. 고대의 각 문명에서 토지의 측량이나 곡물의 부피 등을 계산하면서 발전하였으며 수학의 역사에서 가장 오래된 분야입니다.

3. **좌표** 위치를 나타내는 방법입니다. 수학자 데카르트가 파리가 움직인 것을 보고 원래 있었던 곳과 움직여서 있는 위치를 나타내기 위하여 만든 것입니다.
예를 들어 원래 있었던 위치를 O, 움직이고 나서 있는 위치 A라고 했을 때 오른쪽으로 1칸, 위쪽으로 2칸 이동하여 있는 파리의 위치를 (한 칸, 두 칸), 즉 $(1, 2)$으로 나타냅니다.

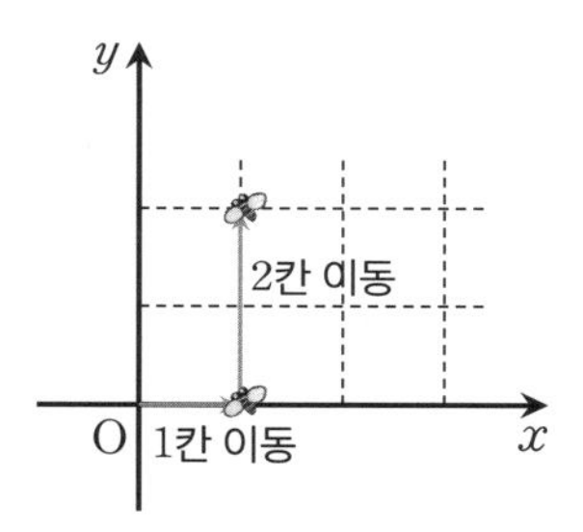

4. **sin, cos, tan** 함수funtion의 종류 중에 하나입니다. 옥수수를 뻥튀기 기계에 넣으면 옥수수 뻥튀기가 나오는 함수가 있듯이 직각삼각형의 각의 크기를 넣으면 sin은 $\frac{\text{높이}}{\text{빗변}}$가 나오고 cos은 $\frac{\text{밑변}}{\text{빗변}}$, tan는 $\frac{\text{높이}}{\text{밑변}}$가 나옵니다.
예를 들어 삼각형 ABC의 각 $k°$의 아래에 있는 변인 밑변의 길이가 $a$cm, 높이가 $b$cm, 빗변이 $c$cm이므로 함수 sin, cos, tan에 $k°$를 넣으면 다음과 같이 나옵니다.

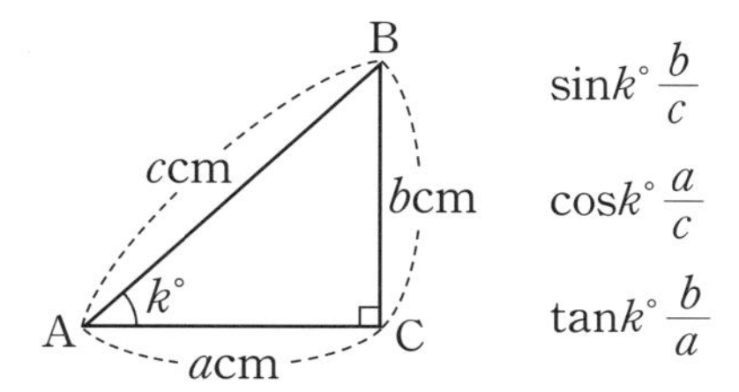

$\sin k° \frac{b}{c}$

$\cos k° \frac{a}{c}$

$\tan k° \frac{b}{a}$

비에트의 일곱 번째 수업

이제까지 우리는 문자를 사용하여 식을 나타내고 간단하게 하기 위해 문자와 기호를 사용하는 방법을 배웠습니다. 이번 시간에는 이러한 문자와 기호가 어떻게 생겨나게 되었는지를 알아봅시다.

우선 우리가 사용하는 수학이라는 말 'mathematics'은 배우는 모든 것이라는 뜻의 그리스어 mathemata마테마타에서 유래된 것으로 수나 계산만을 의미하는 것이 아니라 일반적인 지식이나 우리가 사고하는 과정을 뜻합니다. 그래서 수학이 발달할수록 지식이 많은 것이기 때문에 수학이 발달한 나라일수록 문명도 더 많이 발달했습니다. 이러한 수학의 발달은 수학 기호의 발달과 함께합니다.

막대기 한 개, 두 개, 세 개로 숫자를 나타내던 것을 1, 2, 3, ……이라는 기호를 사용하는 것이나 아무것도 없다는 것을 빈자리로 나타내어 '12 3'라고 나타내던 것을 숫자 '0'이라는 기호를 발명하여 '1203'이라고 나타내는 것, 일의 자리·십의 자리·백의 자리의 개념인 십진법을 사용하면서 숫자를 나타내는 기호가 발달한 인도는 상업과 무역 등이 아주 발달한 나라였습니다. 이렇게 발전된 수학이 유럽에도 전해져서 사용되게 돼요.

4대 문명

그럼 이러한 수학과 상업 등은 어디서부터 생겨난 것일까요?

4대 문명의 발상지는 메소포타미아 문명, 황허 문명, 이집트 문명, 인더스 문명입니다.

문명의 발상지는 기후가 따뜻하고, 큰 강을 끼고 있어 홍수 때면 상류로부터 기름진 흙이 내려오기 때문에 식량이 풍부해서 도시가 형성되고 문명이 발생하였습니다. 문명의 발상지에

서는 세금을 내고 물건을 사고팔기 위해 숫자를 만들어 사용했습니다. 이집트 문명은 '나일강'에서 규칙적으로 홍수가 일어났어요. 홍수의 피해를 줄이기 위해 홍수가 일어나는 시기를 규칙적으로 예측하기 위한 수학, 태양력, 건축술, 천문학이 발달했습니다.

자, 이것이 무엇일까요?

학생들은 너무나 긴 종이와 그 위에 적혀 있는 알 수 없는 그림문자에 무엇인가 궁금한 눈으로 종이를 보고 있습니다.

이것은 이집트 사람들이 계산 과정을 적어 둔 책으로 길이 5m, 폭 30cm 정도 되는 것입니다. 이것은 면적이나 부피, 거듭제곱에 대한 수학 문제 85개가 쓰여진 '아메스 파피루스'라는 이름의 오래된 수학책입니다. '아메스 파피루스(린드 파피루스)'에서 파피루스는 이집트 연못에 나는 풀인 파리루스를 잘게 잘라서 만든 종이의 이름이고 '아메스'는 고대 이집트 시대의 서기 아메스가 예전 자료를 모사하여 남겨 지어진 이름입니다. 이 책에는 술의 농도를 구하는 방법이나 가축의 먹이를 어떻게 혼합해야 하는지 등의 문제들이 수학식으로 적혀 있습니다.

여기 써 있는 그림 같은 문자가 상형 문자로 이집트에서 사용하던 문자예요. 여러분은 보고 어떤 뜻인지 모르겠죠?

여기 적혀 있는 수학 계산식에는 더하기와 빼기의 기호도 있는데 우리가 현재 쓰는 기호와 달라서 여러분이 알 수 없어요. 이집트에서는 더하기를 왼쪽으로 걸어가는 다리 한 쌍으로 썼고, 빼기는 오른쪽으로 걸어가는 다리 한 쌍으로 썼어요. 그래서 계산식을 쓸 때 상형 문자를 이용하게 식을 나타냈습니다.

그 후 3세기의 수학자 디오판토스가 이런 계산식을 더 간단하게 나타내는 약어를 사용해요. 우리가 선생님의 약어로 '샘'이라는 말을 사용하거나 '열심히 공부하자.'는 것의 약어로 '열공'이라고 하듯이 '어떤 수가 있을 때 이 수의 세제곱의 두 배에 제곱의 5배를 뺀다.'는 것을 약어로 나타냈어요.

'세제곱'이라는 그리스 단어 'KΥBOΣ'의 약어 : K^{r}

'제곱'이라는 그리스 단어 'ΔΥNAMIΣ'의 약어 : Δ^{r}

'뺀다'는 것의 그리스 단어 'ΛEIΨIΣ'의 약어 : Λ

'더한다'는 것은 각 수를 이어서 쓰는 것으로 나타낸다.

그리스 알파벳에서 $\beta=2$, $\gamma=3$, $\varepsilon=5$를 나타낸다.

'어떤 수가 있을 때 이 수의 세제곱의 두 배에 제곱의 다섯 배를 빼고 3을 더한다.'의 약어

K^{r}	β	Λ	Δ^{r}	ε	γ
세제곱	2	빼기	제곱	5	3을 더한다

디오판토스가 약어를 사용한 식은 그리스 알파벳 β, ε와 세제곱, 제곱, 빼기라는 말을 알아야 사용할 수 있는 것이니까 사용하기가 어려웠습니다. 이것이 인도에도 전해지긴 했지만 인도인들도 자기 나름대로의 약어를 사용했겠죠? 나라마다 그리고 시대마다 수학을 나타내는 방법도 다르고 계산하는 방법도 달랐어요.

그 후 14세기부터 16세기까지 문화, 예술의 모든 면에서 고대 그리스와 로마의 문화를 발달시키자는 문예 부흥인 르네상스Rinascimento가 일어나면서 수학도 많이 발전하게 됩니다. 수학이 발달되면서 수학자들은 각자 편리한 기호를 만들어 수학식을 나타내게 됩니다. 이탈리아 수학자 파치올리Pacioli, 1447?~1517는 '더 많은'을 뜻하는 'piu'에서 덧셈을 p, '더 적은'을 뜻하는

'meno'로부터 뺄셈은 m으로 나타내었고 독일의 비트만Widmann, 1460?~1498은 더하기를 'et', 빼기를 '—'로 나타냈습니다.

영국의 수학자인 오트레드Oughtred, 1574~1660는 수학적 기호가 수학식을 나타내는 데 매우 중요하다는 것을 강조하면서 150개가 넘는 수학 기호를 만들었지만 현재까지는 곱셈 기호만 사용하고 있습니다.

이 시대에 많은 수학 기호가 만들어졌지만 현재 이 기호를 모두 사용하는 것은 아니에요. 여러분이 줄넘기를 사기 위해 문구점에 갔을 때 줄넘기의 종류가 많이 있으면 어떤 것을 고를까요?

"색깔이 예쁜 줄넘기요."
"줄넘기하기 편한 손잡이가 있는 거요."

학생들은 제각기 자신이 줄넘기를 고를 기준을 말했습니다.

많은 줄넘기 중에서 본인에게 가장 편리한 것을 사겠죠? 이처럼 사람들이 쓰기 편한 수학 기호들만이 현재 남아서 우리의 수학책에 쓰이고 있어요.

이러한 기호의 사용 중에서 가장 획기적이고 놀랄만한 발견을 한 사람이 바로 여러분과 수업을 같이 하고 있는 나에요. 내 이름이 뭐지요?

"비에트요."

네, 맞아요. 내가 기호를 발견하기 전까지는 식이라는 것은 '수 계산'이었지만 기호를 발견한 후에는 '기호 계산'이라고 불립니다. 내가 발견한 기호는 어떤 수의 거듭제곱을 나타낼 때 간단하게 한 글자 A로 모두 나타내는 것입니다. 우리가 x, x^2, x^3으로 쓰는 것을 A, A quardratum, A cubum이라고 썼어요. 나중에는 이것도 더 간단하게 A, Aq, Ac와 같이 나타내었어요. 그래서 '어떤 수가 있을 때 이 수의 세제곱의 두 배에 제곱의 다섯 배를 빼고 3을 더한다.'를 내가 발견한 방법으로 나타내면 이렇게 쓸 수 있습니다.

2 in A cubum －5 in A quardratum ＋3

내가 쓴 것을 조금씩 변형하여 더 편리하게 쓰려는 수학자들도 나타났습니다. 부등호 '＜, ＞'를 발견한 영국의 수학자 해리엇Harriot, 1560~1621은 2AAA－5AA＋3으로 나타내었고 데카르트는 현재와 같이 $2x^3-5x^2+3$으로 나타내었습니다.

디오판토스	: $K^{r}\beta\Lambda\Delta^{r}\varepsilon\gamma$
비에트	: 2 in A cubum－5 in A quardratum＋3
해리엇	: 2AAA－5AA＋3
데카르트	: $2x^3-5x^2+3$

내가 A는 문자를 사용하여 나타내는 것을 이용하여 지금 우리가 쓰는 수학식으로 발전한 것이므로 많은 사람이 나를 '대수학의 아버지'라고 부른답니다.

대수학은 어떤 계산을 위해 문자와 기호를 사용하여 나타내는 학문이고 기하학은 원이나 삼각형, 선과 같은 도형을 다루는 학문입니다. 이런 원이나 삼각형과 같은 기하학과 식을 나타내는 대수학이 연결되어 원의 모양을 식으로 나타낼 수 있게 된 것은 '나는 생각한다, 고로 나는 존재한다.'라는 유명한 말을 남긴 철학자이자 수학자인 데카르트의 업적 덕분입니다. 어려서부터 몸이 허약해서 침대에 누워 명상을 즐기던 데카르트는 천장을 기어 다니는 파리를 보고 위치를 나타내는 방법이 없을까 고민하다가 위도와 경도와 같이 위치를 알려 주는 좌표를 만들었습니다.

그래서 하트 모양의 이 도형의 식을 $(x^2+y^2-1)^3-x^2y^3=0$ 이라고 나타내는 것이 데카르트에 의해 가능해진 것입니다.

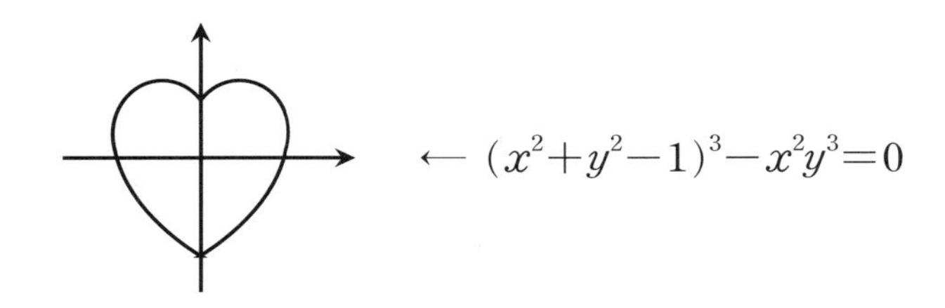

하지만 이런 식을 만들어서 도형을 나타내는 방법을 더 깊이 연구한 사람은 독일의 수학자 라이프니츠Leibniz, 1646~1716입니다. 옥수수를 넣었을 때 옥수수 뻥튀기가 나오는 식 f(옥수수) =(옥수수 뻥튀기)에서 함수 function이라는 용어를 처음 사용한 사람입니다.

function이라는 용어를 기호 f로 나타낸 수학자는 스위스의 오일러Euler, 1905~1983입니다. 오일러는 우리가 원기둥의 부피나 원의 둘레를 구할 때 사용하는 원주율 3.14는 원래 3.14159265358979323846264338327 9……처럼 소수 부분이 무한히 많은 무리수이지만 이 숫자의 소수 부분을 귀찮게 쓰지 않고 원주율이라는 것을 π파이라는 기호로 간단하게 나타낸 수학자예요. 오일러는 수학 공식을 연구하다가 오른쪽 눈을 실명하였지만 연구를 멈추지 않고 함수와 원주율 이외에도 삼각형의 변의 비를 나타내는 함수의 기호 sin사인, cos코사인, tan탄젠트와 자연대수의 밑 e 등 많은 수학 기호를 만든 18세기의 가장 뛰어난 수학자입니다.

그 이후에 1부터 100까지의 합을 순식간에 풀어 버린 수학 천재 가우스와 코시 등의 수학자들에 의해 수학은 점차 발전하게 됩니다.

그럼 우리나라의 수학은 어땠을까요?

서양의 수학이 전래되기 전 우리의 전통 수학은 산학算學이라는 이름으로 불렸습니다. 우리나라의 수학은 성을 쌓거나 일식과 월식을 예언하는 것과 관련하여 발달하였고 신라 시대682년에 산학을 가르쳤다는 기록이《삼국사기》에 나오기도 합니다.

세종대왕은 수학의 발전을 위해 많은 노력을 하여 집현전 학자들에게 수학을 배우게 하였고 나도 집현전의 학자에게 수학책《산학계몽》에 대한 강의를 받았습니다.

인도에서 '0'이 발견되고 '십진법'을 사용하며 수학이 발달할 때, 유럽에서는 일차방정식, 이차방정식의 해법을 연구하고 있었고 우리나라 조선은 중국 송나라 · 원나라의 수학을 흡수하여 독자적으로 수학을 발달시켰어요. $\frac{1}{10}$을 '할', $\frac{1}{100}$을 '푼', $\frac{1}{1000}$을 '리'라고 하는 것과 같이 소수를 나타내는 용어로 분$\frac{1}{10}$, 리$\frac{1}{100}$, 호$\frac{1}{1000}$ 등의 수학 용어도 생겨나고 우리만의 계산법도 발달하고 있었습니다. 중국에서 받아들인 수학이 조선에서 훨씬 발달했어요.

우리나라의 수학자 홍정하와 중국의 수학자 하국주가 수학 대결을 하고 있었어요. 옥의 부피 구하는 문제를 홍정하가 내었는데 하국주가 풀지 못해서 결국 지고 말았답니다. 홍정하는 조선 시대의 대나무로 만든 계산기인 산목셈으로 이 문제를 거뜬히 풀었어요. 즉, 구의 부피를 구하는 식이 조선 시대에 있었다는 거죠.

이렇게 수학은 문자와 기호를 사용하면서 점차 발달하게 되었고 수학과 수학의 문자, 기호가 발달할수록 우리의 삶도 편해졌습니다. 슈퍼마켓에서 물건을 살 때 점원이 계산기를 가지고 하나하나 계산하지 않고 바코드로 상품 번호를 스캔하죠? 바코드라는 것이 수학의 이진법을 이용하여 만들어진 것입니다.

이렇게 수학은 여러 가지 복잡한 계산을 식으로 나타내야 하기 때문에 문자와 기호를 사용하여 간단하게 나타낼 필요가 있었습니다. 이렇게 간단하게 나타낸 식으로 인해 수학이 발달하였고 우리의 삶도 더 편하게 되었습니다. 이 시간을 계기로 수학에서 문자와 기호의 사용이 얼마나 중요한 것인지 생각해 보기를 바랍니다.

학생들은 문자와 기호의 중요성을 생각하며 비에트와 아쉬운 작별의 인사를 나누었습니다.

수업 정리

❶ 문명이 발달하면서 수학이 필요하게 되었습니다.

❷ 수학은 계산하는 과정과 생각하는 과정을 간단하고 분명하게 나타내기 위하여 문자와 기호를 사용하게 되었습니다.

❸ 수학에서 문자와 기호의 사용은 수학의 발전을 가져왔으며 우리의 삶도 편하게 해 주었습니다.

NEW 수학자가 들려주는 수학 이야기 19

비에트가 들려주는 식의 계산 이야기

2판 1쇄 인쇄일 | 2025년 4월 23일
2판 1쇄 발행일 | 2025년 5월 7일

지은이 | 나소연
펴낸이 | 정은영
펴낸곳 | (주)자음과모음

출판등록 | 2001년 11월 28일 제2001-000259호
주소 | 10881 경기도 파주시 회동길 325-20
전화 | 편집부 (02)324-2347, 경영지원부 (02)325-6047
팩스 | 편집부 (02)324-2348, 경영지원부 (02)2648-1311
e-mail | jamoteen@jamobook.com

ISBN 978-89-544-5215-1 44410
978-89-544-5196-3 (세트)